高效学习
记忆法

Efficient Study and
Memory Techniques

卢菲菲 —— 著

民主与建设出版社

·北京·

图书在版编目（CIP）数据

高效学习记忆法 / 卢菲菲著 . —— 北京：民主与建
设出版社，2023.10
ISBN 978-7-5139-4313-0

Ⅰ . ①高… Ⅱ . ①卢… Ⅲ . ①记忆术 Ⅳ .
① B842.3

中国国家版本馆 CIP 数据核字（2023）第 145622 号

高效学习记忆法

GAOXIAO XUEXI JIYIFA

著　者	卢菲菲	
责任编辑	程　旭　刘　芳	
出版发行	民主与建设出版社有限责任公司	
电　话	（010）59417747　59419778	
地　址	北京市海淀区西三环中路 10 号望海楼 E 座 7 层	
邮　编	100142	
印　刷	河北朗祥印刷有限公司	
版　次	2023 年 10 月第 1 版	
印　次	2023 年 10 月第 1 次印刷	
开　本	880 毫米 ×1230 毫米　1 / 32	
印　张	8.25	
字　数	180 千字	
书　号	ISBN 978-7-5139-4313-0	
定　价	59.80 元	

注：如有印、装质量问题，请与出版社联系。

前言：记忆就是连接

记忆就是连接。

记忆连接着我们生活的方方面面：学习中，记忆连接着我们的知识；工作中，记忆连接着我们的为人处世、工作技能……没有记忆，我们就无法在社会中立足，甚至无法生存。

记忆力是一种能力，一种能够使人更好生活的能力。正常来说，每个人都能拥有好的记忆能力，记住我们想记住的一切。

但为何很多人都觉得自己的记忆力非常糟糕，总是出现记了忘、忘了再记的情况？多数时候，我们会归咎于智商、基因、环境等因素。其实不然，这些只是表象。要知道，你之所以记不住，其实是因为连接出现了问题。

若知识与大脑得不到有效连接，自然就无法被记住。反之，若知识与大脑能够有效连接，那么所学的知识就可以有序地储存在大脑中，当我们需要时就可以快速、准确地提取出来。你想记住的知识都被永久储存，我们便拥有了一个最强大脑，既轻松又高效。

这听起来是不是很酷？那么，我们怎样才能拥有一个最强大脑呢？

要做到"有效连接"，才能快速记忆，才能准确提取信息。

你可能以为自己用的方法不对，所以才记不住。其实不完全是这样，好的学习离不开好的记忆，但绝对不仅仅是记忆，我更想告诉你的是如何通过学习高效的记忆方法，去帮助我们更有效地运用我们的大脑。

知识的有效记忆，是需要我们依靠大脑这个工具去完成的。所以，我们首先要了解大脑的记忆规律、习惯等，再结合正确的记忆方法，才能事半功倍地实现高效记忆。这就好比要想开车快速到达目的地，除了车技要好，路况还要好，当然适时的交通状况也一样重要。车技好比我们学习的记忆方法，路况好比我们的大脑状态，适时的交通状况就好比实操训练。

所以，接下来整本书我都会围绕如何有效连接，为大家进行详细的讲解。

具体来说，我会带着大家了解大脑的记忆规律，以及有效记忆的五大方法，帮助你训练最强大脑。对书中涉及的每种方法，我都会加以举例说明，带着你训练，使你能全程沉浸式学习，做到既好玩儿又有效，让你认识到提升记忆力其实并不复杂，也不困难。只要会用脑、方法对，且用心学习，你就能够记住想记的一切。

切记，整本书我提到"高效"的地方不会很多，提到更多的是"有效"。想要"快"，首先得"对"。"对"需要学习，"快"需要练习。所以，不要把记忆法当成临时抱佛脚，也不要急功近利，在不打基础的情况下直接学方法。当然，你直接学方法，也可以有所收获，但绝对没有循序渐进来得扎实、有效。明其理，知其法，才能不费脑，终身拥有好记忆。

仔细想来，我对记忆的探索和教学已有十多年时间了，其间与我一起学习的学生也有数千万，他们的亲身经历给了我很多灵感，让我得以不断完善自己的理论。在写作本书的过程中，我也请教了他们，并从中受益匪浅。希望本书能够给更多的读者朋友带来启发，帮助大家拥有最强大脑。

推荐语

菲菲老师的新书《高效学习记忆法》，维度全面，简洁实用，你读到的不只是记忆的方法，而是可以运用到诸多领域的思维方式。

——刘 sir　《搜索力》作者、合生载物创始人、书香学舍主理人

想要每次学习都能用心学、效率高、记得牢，一定要看菲菲老师的这本《高效学习记忆法》，通过记忆的方法学习和能力训练来提升学习能力，从而让你拥有更好的影响力。

——卢战卡　千万级知识博主

我很敬佩菲菲老师从基础层面总结出的这套方法，帮助更多的人提升学习力，推荐你认真学习了解一下，相信会对你的学习能力有很大的提升。

——J 小姐　形象表达学开创者

无论你是学生、打工族，还是创业者、企业家，我相信没有人能比菲菲老师更能够帮助你解决记忆问题。

——孙虹烨　《最强大脑》第二、三季选手，亚洲超体大赛形象大使

"菲常记忆"的高级在于它把单纯记忆训练提升了一个自主创作的维次空间。

——王宝　著名音乐人、《吉祥三宝》词作者

目　录

2

四大核心技能，奠定优秀记忆基础

3

五大记忆法，在实战中打造最强大脑

4

运用记忆法，快速提升学习效率

1

记忆法入门

此刻，带你进入最强大脑的世界，重新认识和了解你的大脑，唤醒你的大脑潜能，从此开启你的最强记忆。

第一章　测一测你的记忆力

　　在正式开始学习记忆法之前，先来测试一下我们现阶段的记忆力。测试的时候不要紧张，争取体现出真实水平。如果您是和家人一起测试，请各自测试。测试时，一定要严格按照规定的时间进行，可以用手机设置一个倒计时，或者是让家人在旁边帮忙计时。请按照顺序测试，并马上写出对应的答案和心得。在完成测试后，会有详细的讲解。

　　下面，我们从记忆项目中挑选了词语、图片和数字，进行记忆测试。

测试题：记忆项目初体验

测试1　1分钟按顺序记忆中文词语

鱿鱼　牡蛎　电池　饮水机　电风扇　阳光　椅子

小孩儿　开心　键盘　警察　布袋子　洗衣机　苹果　幸福

测试 2　1 分钟按顺序记忆以下图片

1.咖啡　2.梳妆台　3.橙子　4.可乐　5.藕　6.被子

7.饼干　8.国际象棋　9.魔方　10.怀表　11.孙悟空　12.院子

测试 3　30 秒按顺序速记数字

5427307859　　3948182016

自测：了解你的记忆力水平

请按照规定的时间完成测试。每写完一组答案后，马上写下记忆心得，详细说明自己记忆的时候用的是什么方法，你是如何记忆的，记忆过程中有什么样的感觉，越详细越好。同时，也请说明回忆时的困难，包括哪些地方回忆不起来，并分析其中的原因。

测试1　请按顺序写出你1分钟内记住的词语

你的记忆心得：

测试2　在下图的括号中写上图片对应的序号，时间不能超
过1分钟

（　　）　　（　　）　　（　　）　　（　　）　　（　　）　　（　　）

（　　）　　（　　）　　（　　）　　（　　）　　（　　）　　（　　）

你的记忆心得：

测试 3   按顺序写出你 30 秒记住的数字

你的记忆心得：

做完测试后，再看一下自己的心得，你觉得自己的记忆力怎样呢？你感觉哪种类型的内容对你来说比较容易记忆？

无论测试结果如何，都没关系。测试不是为了让大家骄傲或自卑，也不是为了比拼能力的强弱，目的是让大家在实践中找到自己真实的记忆水平，从而有针对性地进行提升。

"菲常"练习：初窥记忆方法的秘密

接下来我会带着大家把刚刚测试过的内容，用系统的记忆方法再记一次，你可以把它们和刚才的自测结果进行对比，看看能否从中找到不一样的感受。

测试 1

测试 1 是中文词语的记忆。需要按照顺序把这些中文词语记下来，对于此类题目，大多数人的记忆方式是死记硬背，这种方法有个最大的问题——记得快，忘得更快，而且没有画面感。

接下来我们用"右脑绘图"的方法进行记忆，先将这些词语编成一个小故事，然后再记忆。初次练习时，可以把时间制定得宽松一些，等到熟练掌握方法后，记忆自然就快了。

记忆讲解：

首先开启我们的右脑，在脑海当中想象一只八爪鱿鱼，它吸住了一只牡蛎，然后牡蛎壳一打开，里面居然有一节电池，你一不小心把电池丢到了饮水机里面，然后饮水机吐出来了一把电风扇，电风扇不停地吹，把阳光吹到了椅子上面，阳光金灿灿的，然后椅子砸到了小孩儿的身上，小孩儿非常开心，敲打着键盘，突然警察跑了过来，把小孩儿的键盘装到了一个布袋子里面，丢到了洗衣机里，结果警察在洗衣机里发现了一个苹果，于是开始啃苹果，苹果的上面还贴了一个福字，让人感觉很幸福。

你可以结合下面的画面辅助记忆。

按照上面讲的方法去记忆，写出你记下的词语：

如果哪个画面没记起来，你可以多复习几遍，以加深印象。注意，在记忆的过程中一定要有画面感，不能只是背诵词语。在此过程中，我们要始终保持放松的状态，这样效果会好很多。这个方法可以很好地训练我们的文字成像的能力，是我们训练中文记忆能力非常重要的一个方法。

复盘：

这次记忆和自测时有什么区别？有什么不一样的感受？你记住了多少？你是通过什么方法回忆起来的？通过这样的方法记忆，是不是非常好玩儿，而且不费脑子？你可能会说你不会联想、不会编故事，难道好的记忆方法就是编故事吗？别着急，这才刚刚开始。

测试 2

测试2是关于图片记忆的，要记住每一张图片及其对应的顺序。这类条款类的信息通常只能死记硬背，因此很容易记了后面忘了前面。那么，这类信息到底应该怎么记呢？"身体记忆宫殿"就是不错的方法。

记忆讲解：

首先我们来看 12 个身体定位图：

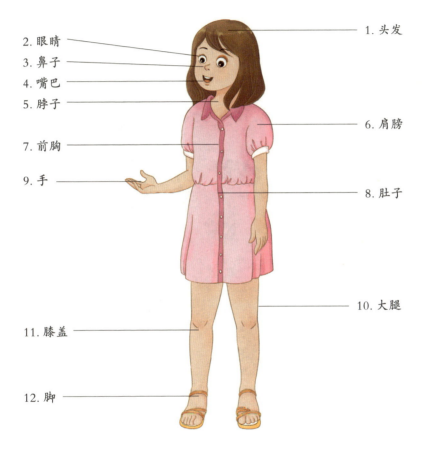

2. 眼睛

3. 鼻子

4. 嘴巴

5. 脖子

7. 前胸

9. 手

11. 膝盖

12. 脚

1. 头发

6. 肩膀

8. 肚子

10. 大腿

接下来，我们用"身体记忆宫殿"来记忆下图中的图片及其顺序。

1. 头发：头发上泼了咖啡；

2. 眼睛：在梳妆台化好了眼睛；

3. 鼻子：鼻子闻到了橙子的香味；

4. 嘴巴：嘴巴喝了可乐；

5. 脖子：脖子上挂了藕；

6. 肩膀：肩膀上披着被子；

7. 前胸：
前胸沾了一些饼干碎；

8. 肚子：
肚子做了国际象棋的棋盘；

9. 手：
手上拿着魔方；

10. 大腿：
大腿上挂着一只打开的怀表；

11. 膝盖：膝盖中了孙悟空一棒；

12. 脚：脚踩在院子里。

填写图片对应的序号：

（　）　　　（　）　　　（　）　　　（　）　　　（　）　　　（　）

（　）　　　（　）　　　（　）　　　（　）　　　（　）　　　（　）

复盘：

想一想你这次记忆是通过什么方法回忆起来的，与自测时的死记硬背有什么区别？

感受一下，我们运用"身体记忆宫殿"的方法可以快速、准确地记住每一张图片的位置，而且不会遗漏，这个方法最大的特点就是将需要记忆的东西对号入座。

你可能会问，我们应该怎么构建记忆宫殿？不会用怎么办？别着急，后面我们会在《记忆宫殿法》一章中详细讲解。"记忆宫殿"这个工具也是我在《最强大脑》记忆油画碎片的方法，可以说你的"记忆宫殿"越多，你记忆的内容就会越多。

测试 3

测试 3 是数字的记忆。大家对中文词语和图片其实都还算熟悉，但数字和它们比起来就显得没有规律可言了，死记硬背的难度非常大。接下来我会教你如何快速记忆数字。你会发现,数字真的很有趣。

记忆数字要比记忆中文词语和图片多一小步,需要把数字转换成画面,然后再运用方法记忆。我说的这些,你可能不太理解,但和我一起试试就明白了。

记忆讲解:

首先看看数字配图示例:

54	27	30	78	59
39	48	18	20	16

接下来,我们把数字转换成画面:

我们可以想象一个画面:一个青年戴着一副耳机骑着三轮车,不小心轧到了一只青蛙,青蛙的嘴里面一下子吐出来很多蜈蚣,青年把它们埋到了一个小山丘里面,然后在山丘上面还给它们立了一块石板,石板旁边插着糖葫芦,然后又插上了两个棒棒糖,旁边还摆放了一些石榴。

只要能够想出画面就能够想出对应的数字，这个过程需要一点点时间，但是经过训练之后就会变得熟练。

写出你的答案：

复盘：

这次你是怎么记忆的，效果怎么样，和自测时有什么区别？

发现没有，你在回忆数字的时候，一定是先有画面，然后再把它们转换成数字的。这样一来，毫无特点且毫无规律可言的数字，就转换成一个个生动形象的画面。

你可能觉得这样记更烦琐，还要转换，太费劲，还不如死记硬背呢。我想说，急性子会让我们的记忆变得更加困难，科学练习反而会给我们带来意想不到的收获。

数字记忆是世界记忆大师训练好记忆必备的一种能力，不仅可以显著提升自己的记忆力，更重要的是通过数字记忆还可以训练自己的注意力、想象力。而中文词语的记忆，主要是训练小伙伴定位记忆的能力，为后期记忆长篇诗词、文章打好基础。

后面我会详细地讲解数字语言记忆系统，每个数字都有对应的数字摩斯密码，千万别小瞧这个，数字摩斯密码可以打通大脑的"任督二脉"，超级厉害。

再次强调一下，死记硬背是很费脑子的，我们一定要遵循大脑的工作原理进行正确记忆。图像记忆是右脑记忆，在开始的时候，要把数字转换成图像，我们肯定不是很熟悉，但熟悉之后就会效率倍增。这和开车一样，刚开始开车时，可能还不如骑自行车速度快，但是熟练之后，速度就会大大超过骑自行车。

方法的学习、能力的提升都需要一定的时间，所以如果你恨不得马上有所改变的话，也可以跳过这些内容，直接看方法篇。但一般来说，了解正确记忆的"理"后，再去学习"法"，会事半功倍。直接学方法也有用，但你不明白其中的原理，后面实操的时候还是会遇到阻碍。按部就班地学习，先弄明白原理，再去学习训练，才可以获得终身好记忆的能力。

总结：先有效，后高效

既然想要拥有好的记忆力，首先就要明白我们学习的记忆法到底好在哪里。

对比死记硬背、运用记忆方法去记忆后，我们可以得出一个清晰的结论：好的方法可以更快速、有效地帮助我们记住知识、信息，而且一点儿都不累。

记忆的好坏绝对不是单纯地取决于谁记的数字多、单词多，谁的成绩好，而是要看记忆过程中的方法是不是正确，做到不耗时、不费力，还有效。

所以，今天我们要重新定义好记忆方法的标准——好玩儿、有趣、轻松有效。好的记忆方法是让大脑处于节能模式，而不是消耗模式。

那么，我的方法和死记硬背有什么区别呢？

你可以想一想：我做了什么，改变了什么，才获得了有效的记忆？

你的记忆是死记硬背，而我的是有画面、有连接的记忆。所以，想要记住，必须满足**画面和连接**两个基本条件。换句话说，**你之所以记不住，是因为你记忆的时候没有画面和连接。**

要有效记忆，在这两个必备因素的基础上还必须满足另一个条件，就是要**用心记忆**。不用心什么都记不住，用心再加上正确的方法才能事半功倍。

所以，有效记忆必须满足"一个核心""两个基本"：**"一个核心"**即用心记忆；**"两个基本"**即画面和连接。

用心我就不多说了，不想用心自然也看不到这本书。我主要说说"画面"和"连接"。后面其他所有的方法也都是围绕着这两点来展开的。你只要解决了这两个主要的问题，就可以记住你想记的一切。

这一章的主要目的不是单纯地测试你的记忆力，而是希望通过对比，可以让大家沉浸式地体验自己记忆的变化。每个人每天都在记忆，却很少有人有意识地去了解其中的原理。希望你能静下来去看看我们的记忆，从而激活我们的观察力和思考力。纸上得来终觉浅，要拥有好记忆还需要在实践中求得真知。

记忆力和年龄、天赋有关系，但对大多数人而言，只要稍微努力些，用对了方法，就能够获得极大的改变。

同时我要告诉你，在记忆中，要让记忆的方法有效，你的信心和决心是最重要的。如果你没有信心，脑细胞的活动就会受到抑制，让记忆变得迟缓，形成"抑制效果"。

要知道，坚定的信念是一种力量。一定要相信每个普通人通过练习都可以拥有好的记忆力。有些人之所以做不到，是因为训练的方法不对，或者方法对了，却半途而废。哪怕此刻你记得比别人慢，哪怕你暂时还不能全部记住你想记住的东西，但至少你在改变，你在学习，所以要相信自己、相信方法。

下一章我会详细地讲解大脑的正确记忆流程，以及如何正确地使用我们的大脑进行有效的记忆。明白了原理，再加上正确的方法，就可以让记忆法真正为你所用。

第二章　大脑的记忆逻辑

先强调一下，这一章很重要。

可能有些人不愿意学习理论，会跳过本章直接学方法，那我只能说你错过了真正精髓的内容。先静下心来好好把理论学好，再去学方法。唯有这样，方能事半功倍。

先来了解一下我们的大脑，看看大脑是如何有效记忆的。

了解大脑

大脑的结构

大脑由左、右两个大脑半球组成，人的左脑擅长语言和逻辑分析，属于抽象思维。右脑像个艺术家，长于非语言的形象思维，拥有很好的直觉，对音乐、美术、舞蹈等艺术活动有着超常的感悟力，空间感极强。左、右脑开发程度的不同，决定了每个人擅长的领域不一样。但可以肯定的是，全脑思维才能更好地迎接这个不断变化的时代。

大脑皮层的表面有许多褶皱，隆起的部分称为"回"，凹陷的部分称为"沟"，特别深的沟则称为"裂"，例如，两侧大脑半球之间的裂隙称为"纵裂"。正是这些沟裂把大脑表面分成许多不同的区域。

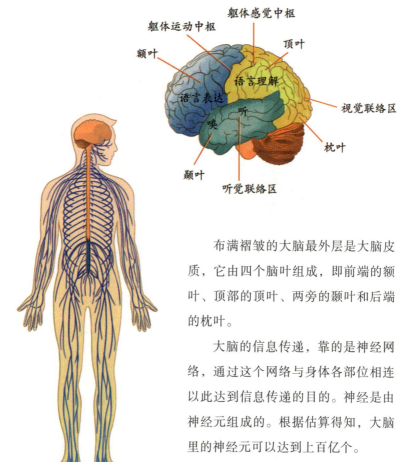

布满褶皱的大脑最外层是大脑皮质，它由四个脑叶组成，即前端的额叶、顶部的顶叶、两旁的颞叶和后端的枕叶。

大脑的信息传递，靠的是神经网络，通过这个网络与身体各部位相连以此达到信息传递的目的。神经是由神经元组成的。根据估算得知，大脑里的神经元可以达到上百亿个。

大脑记忆的特点

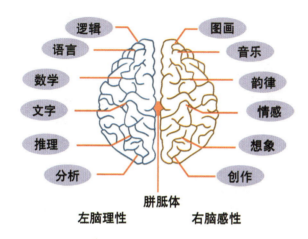

根据上图我们可以看出，我们的大脑分为左、右脑。

左脑主要掌管我们的逻辑、语言、数学、文字、推理、分析等。而我们大多数的习惯也是左脑记忆，如传统的死记硬背，但是其对信息的处理速度很慢。

右脑主要掌管我们的图画、音乐、韵律、情感、想象、创作等。其实我们先天就具备以上各种能力，只是我们平时运用甚少。右脑可以直接将图片、声音等信息储存下来，效率更高。

比如我们在日常生活中经常会遇到类似情况：戴着耳机听歌，一首歌听了几遍，就可以将旋律记住了，但是歌词却需要花很大精力去记忆。甚至过了很久之后，这首歌的旋律我们还能记住，但是歌词部分已经忘得差不多了。又如我们走在大街上，迎面走来一个人，感觉很熟悉，想要上前打招呼，却怎么也想不起来对方的名字。歌曲的旋律、熟人的面孔，都是靠我们右脑记住的，而歌词和名字，

主要由左脑来承担记忆。

　　由此可知，在形象思维方面，右脑的记忆效率更高，我们需要充分发挥右脑的功能，帮助我们快速记忆和提取信息。

记忆的原理

什么是记忆

培根说："一切知识都只不过是记忆。"如果你看过的书、学过的知识都记不住，那你肯定用不上。从古至今，那些天赋异禀、记忆力超强的所谓"天才"，他们的记忆能力是从何而来的呢？他们又是如何运用这种记忆力帮助自己取得成就的呢？

记忆的过程

大脑是如何记忆的呢？让我们来看看大脑记忆的流程图：

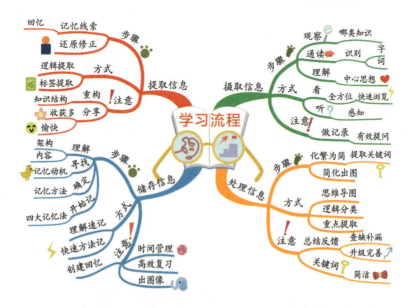

上图显示我们可以把大脑的记忆过程分为以下 4 个步骤：

第一步：摄取信息

我们记忆信息的时候，首先看到的是画面，即便是文字，也是以画面的形式显现在我们眼前的。在摄取信息的时候，右脑先把信息录入脑中，这一步要做的是观察和理解信息。

第二步：处理信息

理解信息后，我们需要对信息进行加工，而不是直接记忆。大脑不可能把全部的信息都记下来，而是只记忆关键的内容。所以这个环节主要是做信息的处理，即化繁为简，找到信息中的关键词。

第三步：储存信息

这个环节主要就是把上一步找到的关键词转换成画面，分门别类地贴好标签，然后存储在大脑中不同的位置。贴标签是为了更好地提取，放在不同的位置是为了有序不乱。换言之，贴标签就是把知识和大脑做一个连接，方便后续查找。这一步又和第二步息息相关，没有第二步的信息处理，第三步就无法实现。

第四步：提取信息

这一步主要就是在后期有需要的时候，你可以随时随地根据所贴的标签，快速提取出你想要的信息。要想做好这一步，和第三步有很大的关系。没有第三步，就不可能快速准确地提取信息。

我们都知道右脑喜欢图片，图片记忆是右脑记忆的精髓，而图片记忆既省时也省力。右脑把信息记下来后，就需要交给左脑再次加工整理，比如给信息贴上标签，让它与其他信息产生连接，然后再分门别类地将其存储到大脑当中，方便后续提取。

而出现回忆不起来的状况，一定是记的时候出现了问题。通过前面的测试我们也清楚地知道，把知识转换成画面，再编个小故事比死记硬背容易得多，我们可以通过故事线回忆对应的画面，从而把信息还原。

所以，正确用脑需要注意两点：一是右脑把要记忆的知识转换成对应的画面；二是左脑根据需要对画面进行联结记忆。这样的记忆就是有效记忆。随着对记忆方法的掌握，熟能生巧，记忆自然就能变得高效。

万能记忆公式

要想高效记忆首先要学会正确地记。根据这个逻辑，我整理出来一个万能记忆公式，它是记忆一切信息的底层逻辑。

这个万能记忆公式的内容，我在前文已有所提及，即有效记忆就是把数字、文字和声音转换成画面后联结记忆，用公式表示如下：

有效记忆 = 信息转换成画面 + 联结记忆

请注意，前文多次说到连接，但在这里我们用的是联结。两者之间有什么不同呢？

"连接"的侧重点在于"接"，主要用来指事物互相衔接。"联结"则侧重于事物的联系、结合，"联结"的事物往往会形成一个整体。

表述上出现这种改变的原因是，在多数情况下我们在摄取一个信息的时候，无法立即准确地使其跟另一个信息"接"起来，而是需要深加工处理，把相关和不相关的人、事、物联系、结合到一起，所以用了"联结"。而"联结"也更多指人，有生命的气息，我希望我们的记忆是动态的、有生命力的，所以此处及后文使用"联结"。

这个公式是你记任何信息的指导方针。具体来讲，分成两步走，一是用右脑把信息转换成画面；二是调动左脑进行联结记忆。

下面我们来看看万能记忆公式是如何运用的。

右脑把知识转换成画面的时候可以细分为三个步骤：

第一步：理解信息

理解和记忆是两个重要的认知活动，在人的认知过程中，人们脑中的已有知识和当前认知对象之间的对应关系非常重要。所以，不理解就很难记忆，理解是记忆的第一步。

第二步：找关键词

针对内容比较多的知识，比如简答论述，整篇文章或整本书的记忆，我们就需要先找到文章或者书籍的核心关键词，通过关键词来快速地还原文章。关键词如何找，后文会专门讲解。

第三步：关键词出图

右脑擅长图像记忆，但为了减轻大脑的负担和提高效率，我们只出关键词的画面。最终我们给到左脑存储的都是经过处理的内容。左脑再去做联结的时候，只需要根据情况，选用不同的记忆工具进行有效联结就好。（这里所说的记忆工具——联想法、数字法、记忆宫殿法、思维导图法、绘图法等，后文会有专门章节进行讲解。）

请记住，不管采用什么样的方法，用心记忆都是基础。前文提到的记忆的"一个核心，两个基本"的关系如下页图所示：

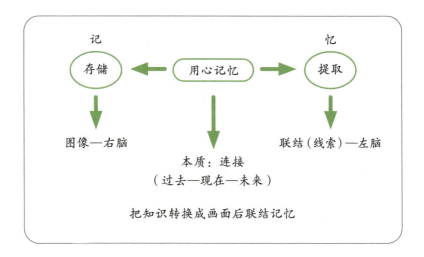

通过上面的学习，我们知道有效记忆的关键是，把信息转换成画面，然后联结记忆，那你可能会问，怎样把信息转换成画面？怎样做有效的联结记忆呢？上面的两个问题可以转换成如下四个更加精准的问题：

（1）怎样把不同的信息转换成画面？（方法）

（2）怎样能够快速转换？（练习）

（3）怎样进行有效的联结记忆？（方法）

（4）怎样能够快速联结记忆？（练习）

以上四点能概括整本书的核心内容，把这些搞懂，你离最强大脑也就越来越近了。

2

四大核心技能，
奠定优秀记忆基础

　　本篇中的数字转换出图、文字转换出图、关键词记忆法、联想配对法，既是记忆的方法，也是本书中其他一些记忆法的基础。我们要高效地运用各种记忆方法，必须先掌握这几项记忆的核心技能。

第三章 数字转换出图

知识要点

● 110 个数字编码及转换原理。

● 数字编码记忆步骤。

● 数字编码转换的三要素。

通常，我们可以把需要记忆的内容分为四大类：数字、文字、声音和图片，绝大部分信息都是由这些类型的媒介组成的。

在这些需要记忆的信息中，最容易记忆的是图片信息。

本章我们重点讲解数字的转换出图，即将数字转换成图片。首先，我们来学习"非常记忆"所采用的数字编码表。

"菲常记忆"的数字能量编码表

数字在生活中随处可见，例如我们的电话号码、身份证号码都是以数字表示的，可以说生活离不开数字。因此，数字记忆也就必不可少。

而从前面的测试中，我们可以发现，数字的抽象性让记忆的难度变得非常大。生活、工作和学习中因记不住数字而遭遇烦恼的人比比皆是。其实，数字的记忆是有方法和技巧的。根据大脑擅长图像记忆的特点，要想记住它们，就需要把抽象的数字转换成生动、具体的图像，即给每个数字生成一个唯一的图片编码，然后进行联想记忆。在这里我给大家一套"菲常记忆"的数字能量编码表，见下页：

数字	编码	数字	编码	数字	编码	数字	编码
0	呼啦圈	18	糖葫芦	46	饲料	74	骑士
1	蜡烛	19	衣钩	47	司机	75	西服
2	鹅	20	棒棒糖	48	石板	76	汽油
3	耳朵	21	鳄鱼	49	湿狗	77	机器
4	帆船	22	双胞胎	50	武林	78	青蛙
5	钩子	23	和尚	51	工人	79	气球
6	勺子	24	闹钟	52	鼓儿	80	巴黎
7	镰刀	25	二胡	53	乌纱帽	81	白蚁
8	眼镜	26	河流	54	青年	82	靶儿
9	哨子	27	耳机	55	火车	83	芭蕉扇
00	望远镜	28	恶霸	56	蜗牛	84	巴士
01	小树	29	饿囚	57	武器	85	保姆
02	铃儿	30	三轮车	58	尾巴	86	八路
03	凳子	31	鲨鱼	59	蜈蚣	87	白旗
04	轿车	32	扇儿	60	榴梿	88	爸爸
05	手套	33	星星	61	儿童	89	芭蕉
06	手枪	34	三丝	62	牛儿	90	酒瓶
07	锄头	35	山虎	63	流沙	91	球衣
08	溜冰鞋	36	山鹿	64	螺丝	92	球儿
09	猫	37	山鸡	65	绿壶	93	旧伞
10	棒球	38	妇女	66	溜溜球	94	首饰
11	楼梯	39	山丘	67	油漆	95	酒壶
12	椅儿	40	司令	68	喇叭	96	蝴蝶
13	医生	41	蜥蜴	69	太极	97	旧旗
14	钥匙	42	柿儿	70	麒麟	98	酒杯
15	鹦鹉	43	石山	71	鸡翼	99	舅舅
16	石榴	44	蛇	72	企鹅		
17	仪器	45	师傅	73	花旗参		

数字能量编码表一

0 呼啦圈	1 蜡烛	2 鹅	3 耳朵	4 帆船	5 钩子	6 勺子	7 镰刀
8 眼镜	9 哨子	00 望远镜	01 小树	02 铃儿	03 凳子	04 轿车	05 手套
06 手枪	07 锄头	08 溜冰鞋	09 猫	10 棒球	11 楼梯	12 椅儿	13 医生
14 钥匙	15 鹦鹉	16 石榴	17 仪器	18 糖葫芦	19 衣钩	20 棒棒糖	21 鳄鱼
22 双胞胎	23 和尚	24 闹钟	25 二胡	26 河流	27 耳机	28 恶霸	29 饿囚
30 三轮车	31 鲨鱼	32 扇儿	33 星星	34 三丝	35 山虎	36 山鹿	37 山鸡
38 妇女	39 山丘	40 司令	41 蜥蜴	42 柿儿	43 石山	44 蛇	45 师傅

数字能量编码表二

46 饲料　47 司机　48 石板　49 湿狗　50 武林　51 工人　52 鼓儿　53 乌纱帽

54 青年　55 火车　56 蜗牛　57 武器　58 尾巴　59 蜈蚣　60 榴梿　61 儿童

62 牛儿　63 流沙　64 螺丝　65 绿壶　66 溜溜球　67 油漆　68 喇叭　69 太极

70 麒麟　71 鸡翼　72 企鹅　73 花旗参　74 骑士　75 西服　76 汽油　77 机器

78 青蛙　79 气球　80 巴黎　81 白蚁　82 靶儿　83 芭蕉扇　84 巴士　85 保姆

86 八路　87 白旗　88 爸爸　89 芭蕉　90 酒瓶　91 球衣　92 球儿　93 旧伞

94 首饰　95 酒壶　96 蝴蝶　97 旧旗　98 酒杯　99 舅舅

数字编码转换原理

数字本身是抽象的信息，如果要让它在大脑中留下深刻的印象，你就要将数字形象化。而**编码的目的正是将抽象的信息转化为具体的形象，以更加生动、直观的方式为大脑提供回忆线索。**

数字编码转换的原理是根据实际记忆的需要，将数字与形象的编码词（文字）及图片编码进行一一对应，如下图所示：

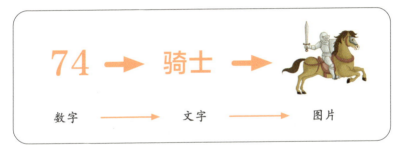

在具体转换的过程中，我们可以根据形状、声音和逻辑三大原理，把数字转换成对应的图片，从而构建一套完整的数字编码系统。

1.**形象法**：就是根据数字的外观和形状，找出与其形状类似的事物作为该数字的编码。比如，"9"用"哨子"表示，"00"用"望远镜"表示等。

2.**谐音法**：根据声音进行编码，80%编码都是通过谐音转换的，即根据数字的发音，联想到与之发音近似的事物作为该数字的编码。比如数字"25"，"二胡"的发音与之相近，转换出图的时候，"25"就可以用"二胡"表示。

还有一些数字编码是通过拟声转换的。比如数字"55"转换出图时，可以用"火车"表示，因为火车汽笛的"呜呜"声，与"55"

发音相近。

3. 逻辑法：是根据生活常识及意义进行转换。比如"09"的编码是猫，因为人们常说猫有 9 条命；数字"61"的编码是儿童，因为 6 月 1 日是儿童节，这个数字有特殊的意义，所以我们可以用儿童的形象代表数字"61"。

我们来看个例子，把下列数字编码按照转换原理进行归类：

> 42、69、78、55、09、21、38、66、61、52、1、8、
> 20、51、34、7、99、0、2、90、01、35、25、04、45、6、
> 02、06、77、54、3、44、81

参考答案：

形状：69、1、8、20、7、0、2、01、6、3

声音：42、78、55、21、66、52、34、99、90、35、25、45、02、77、81

逻辑：09、38、61、51、04、06、54、44

数字编码出图四原则

清晰：联想时的画面不能模糊不清。

有颜色：彩色的画面更能刺激大脑，帮助大脑形成记忆。所以，联想时画面要尽量色彩鲜明。

熟悉：在联想时，画面尽量用与自己息息相关或者是自己比较熟悉的事物。

夸张：运用丰富的想象力，对事物的形象、特征、作用、程度等有目的地夸大或缩小。

这四个原则，也是后文将要讲到的联想记忆需要遵循的原则。

数字转换出图的三大技巧

唯一性：数字与编码图像一一对应，特征明显，易于识别。

动态：具有动感、活灵活现的图像更令人印象深刻。

体验感：将五感融入其中，塑造清晰的体验感。

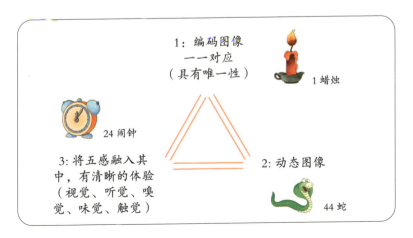

数字编码记忆的步骤

在本书中，我会带着大家熟悉、了解和掌握这套编码，进行数字记忆的训练。数字编码表非常重要，除了能记忆所有和数字相关的信息，还能帮你打通大脑的"任督二脉"，一定要背下来。按照下列步骤进行记忆，会取得事半功倍的效果。你也可以扫下边的二维码，观看我讲解的数字编码表视频课程（扫描右侧二维码—关注菲常记忆家族公众号—新人福利—资料领取—数字编码，按以上方式即可领取学习视频），帮助自己记忆。

1. 熟悉编码：认真学习《"菲常记忆"的数字能量编码表》，例如把 01 想象成一棵小树；把 02 想象成一个叮叮当当响的铃儿；把 03 想象成一张 3 条腿的小凳子；把 04 想象成一辆 4 个车轮的汽车，然后闭上眼睛试着回忆数字 01—04 的图片编码。你是否能勾勒出相应的图像呢？如果可以，以此类推记忆 0—9、00—99 的图片编码。

2. 对照修正：全部熟悉了上述 110 个数字的图片编码后，尝试闭上眼睛回忆 0—9、00—99 的图片编码，如果有回忆不起来的请做好标记。

3. 重点攻克：针对回忆不起来的数字的图片编码，再一次进行复习，直至做到能快速对应出相应数字的图像。

"菲常"练习

　　数字记忆是利用数字编码作为记忆的工具，结合右脑的想象力，把原本抽象的信息变成具体形象的图像，并加上联想记忆的记忆方法。每个编码都有自己转换的原理，了解编码转换原理是我们熟练掌握数字编码表的前提，接下来我们来做几个相关练习吧。

练习1　把下列数字按照编码原则进行归类

> 5、73、47、62、08、32、60、83、95、28、30、05、
> 63、37、22、67、72、23、48、50、56、20、14、64、
> 11、81、57、70、24、36、33、10、12、15、98

参考答案：

形状：5、05、20、11、10

逻辑：22、23、24、08

声音：73、47、62、32、60、83、95、28、30、63、37、67、72、
　　　48、50、56、14、64、81、57、70、36、33、12、15、98

练习2 编码连连看

01	
34	
97	
09	
41	

数字编码出图的准确度和速度，直接影响后期记忆的正确率及效率，数字编码是最强大脑的根基，需要勤加训练。

本章所讲的数字编码适用于所有数字类相关信息基础的记忆，我们需要熟练地背下来。有了这一套数字编码，记忆数字相关的信息，如学科数据、生活数据，包括无规律的超长数字信息的记忆，就会简单很多。

数字转换出图之"菲常"解惑

Q1 数字编码表如何背？

背诵数字编码表其实很简单，运用数字编码出图的原理，然后一个一个背诵。当遇到十位数字的时候还有一个小技巧，那就是"省十念法"，如21念"二一"而非"二十一"，这样我们就可以快速地联想到"鳄鱼"。

Q2　**有一些编码图，感觉不合适，可以选择替换吗？**

　　前期不建议随意替换，而是应该想办法去了解它的转换原理并熟悉它。这套编码是经过很多人实践总结出来的，具有一定的普适性。另外，目前你还没有进行过大量数字记忆训练，并不知道什么样的编码图是最好用的，所以不用急着替换。背编码表是一件很轻松的事，只需要空余时间多读一读，基本一周左右就能背下来。等到熟悉了以后，再去更换编码图即可。

第四章　文字转换出图

知识要点

- 了解形象词和抽象词。
- 抽象词转换的原则。
- 快速记忆中文词组。

词语是语句和文章的基础，所以把词语转换成图像，是记忆句子和文章的必备条件。

无论是英语、法语、西班牙语，还是日语、韩语，这些文字的记忆和中文是一样的，只不过多了一个翻译的步骤而已。我们这里以中文为主，主要讲中文词语如何转换出图。

我们讲到中文词语出图时，一般会把词语分为形象词语和抽象词语。顾名思义，形象词就是比较容易用形象来表示的词语，抽象词就是很难直接用形象表示的词。因此，形象词比较容易转换出图，而抽象词转换出图相对比较难。

例1：从下列词语中找出形象词和抽象词。

> 萝卜　学校　二氧化氮　氢钠　宏观调控　强烈　键盘　零食

形象词：萝卜　学校　键盘　零食

抽象词：二氧化氮　氢钠　宏观调控　强烈

你有没有发现，形象词一般就是我们熟悉的、常见的、接触多的、比较了解的词语，这类词语相对而言比较容易记忆；而抽象词就是那些比较生僻的、不熟悉的、没有画面的词语，这类词语通常不容易记忆。

部分汉字是从象形的图画演变而来的，所以很多汉字有很强的画面感。

接下来，我们再进一步看看文字如何转换成画面。

形象词转换出图和记忆

什么是形象词

形象词也叫具象词，是指能以形象、色彩直接作用于人的感官，表达形象概念的词，用于表示人物、事物、画面或其他形象的概念等，例如爸爸、苹果、长城……

例2：找出下列词语中的形象词。

矿泉水　电脑　稍等　鼠标　电话　开始　嘴巴　肯定　树叶　世界

形象词：_____

参考答案：矿泉水、电脑、鼠标、电话、嘴巴、树叶

形象词转换出图

在记忆形象词的时候，我们要利用右脑的形象思维，在大脑中把每个词快速地转换出图，然后利用联想故事法把每张图片利用逻辑或者非逻辑联结在一起，建立深刻的印象，从而达到快速记忆的目的。

例3：用联想故事法快速记忆词语。

老虎　水杯　蛇　奶奶　鲜花　书桌　裙子　钢丝　魔方　白云　大海　头发

参考记忆：老虎撞在水杯上，水杯里爬出一条蛇吓到了奶奶，奶奶撞倒了旁边花瓶里的鲜花，鲜花掉在了书桌上，书桌上铺着一条裙子，裙子被钢丝球刮坏了，从钢丝球里扒出一个魔方，魔方被丢到了白云里，白云浮在大海上，大海里捞出了好多头发。

默写词语：

_____

_____

注意，形象词直接转换成能理解的画面即可，画面尽可能做到清晰、具体。

比如，以"苹果"为例，看到这个词，转换出来的可以是各种苹果的画面，如下图所示：

　　每个人通过看到的文字所联想到的内容都会有所差别，这个差别主要体现在看到文字后联想的画面。如有的人看到"苹果"转换出的是水果苹果的画面，而有的人看到"苹果"会联想到苹果手机。

　　在文字转换出图后，再从图像还原成文字时，可能会出现不准确的情况。例如，你刚刚记忆的老虎撞到水杯，你转换出的画面是一个水杯，但写的时候却写成了杯子。

　　又如，看到"苹果"这个词，你转换出的画面是牛顿被苹果砸中的画面，但是当我们看到这个画面时，却还原成了万有引力，这点我们需要特别注意。

正确的文字出图转换训练：

针对这种情况，我们后期需要强化训练，以提高准确度。

抽象词转换出图和记忆

什么是抽象词

抽象词即表达抽象概念的词，用于表示动作、状态、品质或其他抽象的概念，例如激动、失落、高尚、消失等。

例4：找出下列词语中的抽象词。

郁闷 电视 等待 开心 讲台 终于 眉毛 熟悉 收到 狮子

抽象词：

参考答案：郁闷、等待、开心、终于、熟悉、收到

通常，抽象词转换出图会遇到两个困难：一个是对词语本身理解的困难；另一个是词语比较抽象，所以不容易转换出具体的画面。

在实践中，理解抽象词要抓住一个关键点，那就是多去感受它，用一些方法帮助你去理解抽象的词语或者概念。比喻就是一种比较好的方式，能够帮助我们理解。

例如"抽象"这个词本身就很抽象，那这个画面要如何呈现呢？是不是感觉难度很大，那该怎么办呢？

抽象词转换成形象词的原理

抽象词转换成形象词的五个原理，即替换、谐音、增减倒字、望文生义和关键词。

替换：把抽象词替换成容易理解或容易记忆的形象词。比如说"巴黎"，可以联想到巴黎的埃菲尔铁塔这类形象的物体。

谐音：通过相近的发音把抽象词转换成容易记忆的词。比如"幸福"，这是一个比较抽象的概念，但是我们能感受得到它的存在，我们运用谐音可以联想到"新服"，得到一件新衣服，感觉很幸福。

增减倒字：通过增加或者删减信息，使抽象的词语变得更容易理解记忆。比如"代表"这个词不容易转换成具体的画面，把它颠倒过来变成"表带"，就具体了。

望文生义：根据抽象词的字面意思直接转换成对应的画面，对抽象的词语进行解释。比如说"渺茫"，我们可以直接在脑海中勾画出渺茫的画面，或者把它想象成瞄准杧果等。

关键词：通过提取抽象知识信息中的关键词，更容易理解并记忆。比如"开怀大笑"，直接提取关键词"大笑"。

对抽象词进行形象化的转换，不仅会让我们记忆得更快，也会对我们的大脑产生更多的刺激。抽象思维是左脑控制的，左脑对抽象词语进行逻辑处理，转化为图像，也是对右脑的刺激。所以，当我们进行这种转化和记忆时，也是对左右脑平衡发展的一种训练。

抽象词转换方法

每一个词语都有它的含义，以及对应的画面，我们只要把画面联想出来，就可以很好地进行记忆了。形象词语容易直接转换出图像，抽象词语可以转换成形象词后再出图。转换方法如下表所示。

方法	举例	联想	形象
替换	雪白	白雪	
谐音	竖立	树立	
增减倒字	信用	信用卡	
关键词	发现新大陆	新大陆	
望文生义	抽象	抽泣的大象	

注意：方法没有好坏之分，只要能快速记忆画面，并且准确地回忆出文字就可以了。

"菲常"练习

练习1 抽象词转换为形象词训练

词汇	形象	原理	词汇	形象	原理
光明			尝试		
激动			肯定		
激发			解放		
实际			程度		
形式			克服		

参考记忆：

词汇	形象	原理	词汇	形象	原理
光明	阳光	关键字	尝试	肠食	谐音
激动	鸡冻	谐音	肯定	啃钉子	谐音
激发	公鸡毛发	谐音	解放	解放军	增减倒字
实际	石鸡	谐音	程度	橙放肚子上	谐音
形式	星柿	谐音	克服	刻在衣服上	谐音

练习2 快速记忆下列词语

焦虑 冰箱 金融 荣耀 想哭 茶杯 阳台 资格 粽子 漫谈

默写：

参考记忆：绿色的青椒放到冰箱里，融化了发出耀眼的光，光照耀到眼睛想哭了，拿起茶杯走到阳台，自个吃粽子慢慢谈话。

练习3　快速记忆下列词语

> 书包　河流　医生　起飞　豪华　西红柿　定位　年代　小刀　光明

默写：

参考记忆：书包被丢到了河流里，河流里的医生站了起来正准备起飞，他用豪华的西红柿当 GPS 定位，粘到了写着年代的袋子上，袋子被小刀划了一道口子，书包终于重见光明。

注意：不用担心转换时会造成曲解，这里只是给抽象词做了一个形象化处理。有助于减轻记忆难度即可。

中文词组的转换联结训练是我们训练记忆能力的一个非常重要的内容，主要练的就是文字成像能力，转换得快且清晰，记忆自然就高效了。

文字转换出图之"菲常"解惑

Q1 **如何训练出图转换能力？**

想要提升出图转换能力，更多的还是要靠实践。比如训练数字转换出图，最好的方式就是找一些无规律的数字，一个一个地做出图练习。词组出图难度相对大一点儿，没有系统的编码图，需要大家根据个人的经验去联想转化。形象词直接出图即可，真正需要下功夫的是抽象词的出图。抽象词出图的时候，大家要谨遵抽象词转化为形象词的原则，并且需要注意是否容易还原为原词组。随着抽象词出图训练的增加，你会发现抽象词组的转换越来越简单、越来越得心应手。

Q2 **抽象词不好出图怎么办？**

抽象词出图最关键的因素是具象。抽象词的转换有五大原则，分别是替换、谐音、增减倒字、望文生义和关键词。将这五大转换原则进行一个推演，增减倒字或者用谐音的方式，给其提供一个可联想的画面。

附：声音和图片信息转换出图

除了第三章的数字转换出图和本章的文字转换出图外，需要记忆的还有声音和图片信息，这两类信息的转换出图，在生活中的使用相对较少，就不单独设章进行详细讲解，仅在这里做一下简要说明。

声音转换出图

声音和文字一样，都是一种表达方式。既然是表达，就一定有内容，所以声音转换出图就是听关键信息，边提取，边转换。这个主要训练的是理解能力，应用较多的就是学习中的听讲、工作中的上传下达、生活中的与人沟通等。

图片转换出图

如果已经是图片了，还要如何出图呢？我教你一招，找到图片的核心作为你的参考点，你只要看到这个参考点就可以第一时间辨别出这张图片。

图片本身包含了很多信息，只要是信息，就需要找到关键的核心记忆点。

例如，下图是一张世界名画。你只要记住其特点——星月夜，今后一看到这个碎片，就知道是这幅画里面的。

右脑图像记忆是一种高效记忆法，没有图，记忆起来既费脑又费时间，所以要摆脱"死记硬背"，就必须掌握各种类型的信息转换图的技巧。

数字出图可以使用我们总结的110个数字编码。

文字转换出图时，容易出图的形象词直接出图，不容易出图的抽象词可以转换成形象词再出图。抽象词转换成形象词的原则有五个，即替换、谐音、增减倒字、望文生义和关键词。

声音就是把关键信息提取出来后转换成画面。

图片转换出图就是提取关键画面作为自己的记忆点。

第五章　记忆关键词

知识要点

- 什么是关键词？
- 如何提取关键词？
- 灵活运用关键词联想记忆。

　　很多时候，我们会为记忆大段的内容所困扰，但并非所有的内容都需要我们去一一记忆。一个高效的学习者可以用极少的关键词还原全部信息。

　　因此，掌握这一技能，就能大大提高我们学习和记忆的效率。这也是踏入记忆之门所必备的基础技能，未来不论遇到什么样的信息，都要学会从中提取出关键字词。

　　那么，到底什么是关键词，如何有效提取关键词，又怎样运用关键词进行联想记忆呢？

不一样的关键词

一般来说，关键词指的是那些能帮助我们理解全文中心思想的词语。通常而言，关键词比较多元，它有如下特征：

（1）可以是最具概括性的词语（这个词语可以是原文已经存在的词语，也可以是你自己总结的词语）；

（2）可以是给你留下最深刻印象的词语；

（3）可以是多次出现的词语；

（4）可以是那些容易出图的形象词语；

（5）也可以是句子的首字首词。

简而言之，能让我们建立线索、对回忆起知识信息有提示作用的字词，就可以作为记忆关键词。

如何提取关键词？

下边我们通过几个例子，加深对关键词的理解。

例1：树上的苹果像灯笼似的又大又红。

> 树上的苹果像灯笼似的又大又红。
>
> 树上的苹果像灯笼似的又大又红。
>
> 树上的苹果像灯笼似的又大又红。

关键词可以选取名词、动词、形容词等，会因使用者的目的和需求不同而存在着差异。

如上述例句中，关键词可以提取名词"苹果"和"灯笼"，也可以提取"苹果"以及修饰苹果的"大"和"红"，还可以加上表明苹果此刻状态的"树上"。一句话，记忆关键词要根据自己的需要进行提取，将内容化繁为简，最终还原原句。

灵活运用关键词联结记忆

掌握了如何寻找关键词，接下来就需要把提取出来的关键词转换成画面，再结合不同的记忆方法进行联结记忆。

例2：我担心虫子吃了棉花。

> 有人问农夫："种麦子了没？"农夫答："没，我担心天不下雨。"那人又问："那你种棉花没？"农夫答："没，我担心虫子吃了棉花。"那人再问："那你种了什么？"农夫答："什么也没种，这样就万无一失了。"

参考记忆步骤：

1. 理解：这是农夫和他人间展开的对话，有人询问农夫有没有种小麦和棉花，农夫一再为自己的不行动找各种各样的理由，最后什么也没有做成。

2. 找关键词：农夫、麦子、雨、棉花、虫。

3. 关键词转换出图：由于找出的关键词都是形象词，直接转换成其对应的形象图像即可。关键词转换出的图像如下：

4. 联结记忆：理解后直接将关键词出图记忆："农夫不种小麦怕天不下雨，不种棉花怕有虫。"

例 3：人的一生应当具有的品格。

> 人的一生像金，要刚正，人格须挺立；人的一生像木，要充实，内涵须深刻；人的一生像水，要灵活，方法需柔和；人的一生像火，要热情，态度要诚挚；人的一生像土，要本色，作风要朴实。

参考记忆步骤：

1. 理解：从五个方面去阐述人的一生应当具有的品格，要像金一样刚正挺立，像木一样充实深刻，像水一样灵活柔和，像火一样热情诚挚，像土一样本色朴实。

2. 找关键词：金——刚正、木——充实、水——灵活、火——热情、土——朴实。

3. 转换出图：金刚、实木、水泥、热火、泥土。

4. 联结记忆：一座挺立的金刚雕像，是用实木雕刻的，再用水泥制作基座，热火烘烤定型，最后放置在泥土地上。

需要注意的是，抽象的关键词需要先借助替换、谐音、增减倒字、望文生义等方法转换成形象词，然后再想象成画面，进行联结记忆。

通过上面的学习，我们知道能建立线索、对回忆知识信息有提示作用的字词，就可以作为记忆关键词。

"菲常"练习

练习1 阅读下列句子，画出其中的关键词

1. 每个人身上都有太阳，只要让它发光。

2. 圆圆的月亮就像一面大镜子，挂在黑黑的夜空中。

3. 只要心中拥有梦想，便不会迷失方向。

4. 河流像一条绿色的绸带，覆盖在蜿蜒的山谷中。

5. 生活中可以没有诗歌，但不能没有诗意；旅途中可以没有道路，但不能没有前进的脚步。

练习2 形象关键词记忆练习

为了耕种土地，新石器时代的人类发明了一些新式工具：用来翻地的锄头，用来收割小麦的镰刀，用来研磨谷物的石磨。

找出关键词，并写出你的记忆步骤：

关键词：＿＿＿＿＿＿＿＿＿＿＿＿＿＿＿＿＿＿＿

记忆步骤：

参考记忆：

关键词：土地、锄头、镰刀、石磨。

记忆步骤：土地上插着锄头和镰刀，拔出镰刀放在石磨上。

练习3   抽象关键词记忆练习

> 唯有坚持梦想，才能演绎成功的人生。让我们共同为梦想而努力，为梦想而奋斗，为梦想创造奇迹。

关键词：_____

关键词记忆法之"菲常"解惑

Q1   关键词找得不够精准怎么办？

关键词既不是固定的，也不是唯一的，会因使用者的目的和需求不同存在差异。选取的关键词没有最好，只有适合与否。能让我们建立线索、对回忆知识信息有提示作用的字词，即可作为我们的记忆关键词。多加练习，定会熟能生巧。

Q2   关键词如何出图？

提取出来的关键词如果是形象词，可以直接形成图片。如果是抽象词，需要先运用替换、谐音、增减倒字、望文生义等方法将其转换为形象词后再形成图片。

Q3   提取关键词应注意什么？

首先，要根据自己的习惯，找到适合自己的关键词。其次，关键词要简洁、精练，不要太过冗长、繁杂。最后，对处理过的关键词要及时地还原，还原后的文字与原文有出入的要及时进行修正。

第六章　联想配对

知识要点

- 联想配对的四大方法。
- 联想配对四原则。
- 如何更好地进行联想。

除了找关键词以外，知识信息记忆的另一个必备能力就是联想配对的能力，也就是无论给你什么信息，你都可以快速有效地做联结。能连上，才能有迹可循。本章我们重点讲如何训练联想配对的能力。

什么是联想配对？

联想配对，是指把任何两个或两个以上的信息，通过想象力，利用逻辑或非逻辑思维，联结在一起，创建记忆痕迹的过程。

联想配对做得好不好，直接影响着我们的记忆效率。配对建立得好，就等于打通了信息之间的通路，会让我们豁然开朗、事半功倍；反之，则会缺失线索，信息间无法连通，导致回忆困难、卡壳等现象。因此，这也是一项至关重要的核心技能。

要想更好、更有效地配对，就得掌握一定的方法和技巧，遵循一定的原则。下面就让我们一起来看看联想配对所应遵循的方法和原则都有哪些。

联想配对的四大方法

请先尝试将下面两个词组联结到一起。

熊猫　———　灯笼

简单描述一下自己的联结画面，至少说出 3 个以上。

例如：熊猫踢飞了灯笼。

思考一下我们的联想有什么特点？

很多人觉得自己的联结没什么特点，不知道怎么去联结，其实一点都不难，遵循四大方法即可有效地进行联结，这也是联想配对最本质的方法。

联想配对四大方法，即主动出击、月老牵线、夸张搞笑、双剑合璧。具体如下：

主动出击：即面对两个毫无关系的事物，可以发挥想象力，让一方主动作用于另一方，使其产生联系，简单又好记。

月老牵线：指两个事物间需要一个外在的第三方充当媒介，将之联结。如"木棍和花瓶"，我拿着木棍敲打花瓶，"我"在这里起的就是月老的作用。

夸张搞笑：指在联结两个物体时故意使用夸张、有趣的手法，使得画面生动而形象，给人以深刻的印象，更容易被记住。

双剑合璧：指把两个物体合二为一，融为一体。如"铅笔和橡皮"，双剑合璧就是自带橡皮的铅笔，通过双剑合璧的联想往往可以获取新的创意和灵感。

我们来看看下面这些词组在联想配对时是如何运用上述方法的。

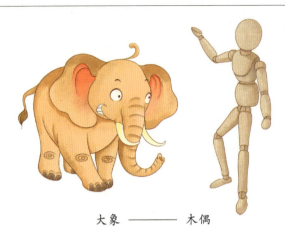

大象 ——— 木偶

（1）主动出击：大象用头顶飞了木偶。

（2）月老牵线：我牵着大象追赶木偶。

（3）夸张搞笑：大象和木偶手牵手跳起欢快的舞蹈。

（4）双剑合璧：长着大象头的奇怪木偶。

四大方法其实没有绝对的界限，你会发现在主动出击里面可能就包含了夸张搞笑，它们之间既相互独立，也相互融合。

联想的四大原则

联想画面的质量直接决定着记忆的速度和准确性，为了让联结更有画面感，便于更好地回忆，我们还需要遵循联想的四大原则。

1. 清晰： 联想时的画面不能模糊不清。

清晰 模糊

2. 有颜色： 大脑更偏爱色彩鲜艳的画面。

有色彩 无色彩

3. 与我有关： 与自我相关的信息在人的潜意识中具有更高优先级，人更容易回想起与自己有关的人、事、物。

4. 夸张：夸张搞笑、反常识的行为更令人印象深刻。

夸张   正常

牢记联想的四大原则，将会使我们的记忆简单而高效。

联想的三大技巧

为了更好地联想，我们需要掌握如下技巧：

1. 积极情绪：人们更容易记住那些能给我们带来积极情绪的画面，即使过了很久，依然能记住当时的那份甜蜜和感动。

2. 加入动感：尽可能地让联想的画面动起来，动态的画面比静止的画面更加鲜活、更容易被记住。

3. 融入"五感"：我们的身体就是最好的记忆工具。可以利用视觉、听觉、嗅觉、味觉、触觉来帮助我们加深记忆的痕迹。

"菲常"练习

练习1 对下面两个词组进行联想配对练习（至少说出三个）

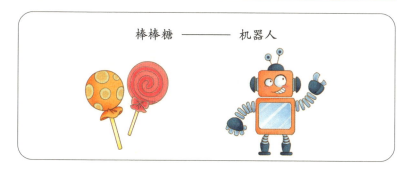

棒棒糖 ———— 机器人

请思考一下：你第一时间想到的联想配对方式是什么样的？找到它，这就是属于你自己的联想习惯。

联想配对方式没有哪种最好，适合自己才最重要。

练习2 对下面两个词组进行联想配对练习

狐狸 ———— 猎人

1. 主动出击：_____

2. 月老牵线：_____

3. 夸张搞笑：_____

4. 双剑合璧：_____

参考记忆：

（1）主动出击：狐狸咬住猎人。

（2）夸张搞笑：狐狸牵着猎人跳舞。

（3）月老牵线：我抓住一只狐狸给猎人。

（4）双剑合璧：狐狸的头长到猎人身上。

请注意，联想时要注意联结的前后顺序。如此处的狐狸和猎人，联结时，狐狸应在前，猎人应在后，回忆的时候顺序才不会错。并且只能前者作用于后者，后者不能再作用于前者。

练习3　**形象词联想配对**

①小黄鸭——剪刀：＿＿＿＿＿＿＿＿＿＿＿＿＿＿＿＿

＿＿＿＿＿＿＿＿＿＿＿＿＿＿＿＿

②保温杯——折叠凳：＿＿＿＿＿＿＿＿＿＿＿＿＿＿＿

＿＿＿＿＿＿＿＿＿＿＿＿＿＿＿＿

③猕猴桃——灭火器：＿＿＿＿＿＿＿＿＿＿＿＿＿＿＿

＿＿＿＿＿＿＿＿＿＿＿＿＿＿＿＿

④口红——浣熊：＿＿＿＿＿＿＿＿＿＿＿＿＿＿＿＿＿

＿＿＿＿＿＿＿＿＿＿＿＿＿＿＿＿

⑤地铁——鲜花饼：＿＿＿＿＿＿＿＿＿＿＿＿＿＿＿＿

＿＿＿＿＿＿＿＿＿＿＿＿＿＿＿＿

练习4　**抽象词联想配对**　小提示：先把抽象词转换成形象词后再联想配对。

①勤奋——未来：＿＿＿＿＿＿＿＿＿＿＿＿＿＿＿＿＿

＿＿＿＿＿＿＿＿＿＿＿＿＿＿＿＿

②圣彼得堡——梵蒂冈：＿＿＿＿＿＿＿＿＿＿＿＿＿＿

＿＿＿＿＿＿＿＿＿＿＿＿＿＿＿＿

③焦虑——冠军：＿＿＿＿＿＿＿＿＿＿＿＿＿＿＿＿＿

＿＿＿＿＿＿＿＿＿＿＿＿＿＿＿＿

④乌托邦——和平：＿＿＿＿＿＿＿＿＿＿＿＿＿＿＿＿

＿＿＿＿＿＿＿＿＿＿＿＿＿＿＿＿

⑤欲望——心流：＿＿＿＿＿＿＿＿＿＿＿＿＿＿＿＿＿

＿＿＿＿＿＿＿＿＿＿＿＿＿＿＿＿

联想配对之"菲常"解惑

Q1 **联想四原则是否满足其中一个就够了？**

联想四原则彼此之间并不冲突，满足的要素越多，则越有助于联想和记忆。

Q2 **联想不够生动形象怎么办？**

联想的时候要遵循四大方法及联想四原则，尽可能地夸张、有趣，可以尝试着将静态的画面转换为动态画面，必要时再加上"五感"的运用，这些都有助于让我们的联想更生动、更鲜活，让知识点记得更牢固。

Q3 **联想需要符合逻辑吗？**

联想不必拘泥于日常逻辑，它主要训练的是我们的想象力。可以进行天马行空的想象，放飞自己的灵感。想象力是大脑的永动机，同样也是记忆力的源泉，想象力决定了记忆能力。它会开启你通往无限可能的大门。

Q4 **想象力不好怎么办？**

想象力是一种能力，也是需要培养和锻炼的。它并没有那么难，只要掌握了正确的方法，加上不断地联想训练，就能科学有效地提升想象力。

3

五大记忆法，在实战中打造最强大脑

工欲善其事，必先利其器，好工具可以让做事效率事半功倍。给你五大记忆方法，助你在学习上弯道超车，大脑节能时代从此开始。

第七章　联想记忆法

知识要点

- 了解连锁拍照的方法。
- 掌握连锁拍照法的技巧。
- 灵活运用连锁拍照法记忆知识信息。
- 联想故事法的三大方法。
- 运用联想故事法记忆不同类型的知识点。

联想法属于记忆法中新手入门级的方法。联想法又分为连锁拍照法和联想故事法，这两者都需要编故事，但适用场景不同。连锁拍照法针对只有一个固定答案的信息，如单选、判断题等；联想故事法针对的是信息较多的多选、简答题等。好比自行车和电动车，都比走路快，选择哪个都行，关键是看自己的习惯。

为什么说联想法是入门级的方法？因为上手快，操作简单，只要我们利用前面学到的技能，把信息转换成对应的画面，然后编一个小故事就可以记住了。

这个方法的重点就在于编的故事一定要简洁、有趣，有画面感。

接下来，我们一起学习连锁拍照法。

联想法一：连锁拍照法

什么是连锁拍照法

连锁拍照法就是把需要记忆的信息转换成图像，然后像拍照一样，一个个串联在一起。其应用范围多为只有一个固定答案的信息，例如单选题、判断题、文学常识、自然科学知识，等等。

连锁拍照法怎么用

我们通过以下两个例子，来看连锁拍照法的具体应用。

例1： **下面成语正确的是（　　　）。**

> A.唉声叹气　　　　　　B.哀声叹气

正确答案：A。

记忆思路： 把唉声叹气转换为画面后联结记忆。

记忆步骤：

1. 理解： 唉声叹气的意思是因伤感、烦闷或痛苦而发出的、比较短促的叹息的声音。

2. 找关键词： "唉"字容易误用为其他字，所以我们提取"唉"字作为关键词。

3. 关键词转换出图： "唉"的本义就是用嘴巴叹气，所以转换出一个嘴巴叹气的画面。

4. 联结记忆： 把嘴巴叹气的画面结合一个场景进行联结记忆，比如一个人整天不开心，总是唉声叹气的。

通过这样处理后，当下次再看到这个词时，想到嘴巴叹气的画面，通过联结记忆就可以准确有效地回忆起正确答案是"唉"而不是"哀"。

例2：《清明上河图》的作者——张择端。

记忆步骤：

1. 理解：《清明上河图》是北宋画家张择端的作品，是中国十大传世名画之一。作品记录了12世纪北宋都城东京（又称汴京，今河南开封）的城市面貌和当时社会各阶层人民的生活状况，作品是北宋时期都城东京繁荣的见证，也是北宋城市经济情况的写照。

2. 找关键词：清明上河图——张择端。

3. 关键词转换出图：《清明上河图》直接转换成画卷的图像。"张择端"转换成一张手里端着画卷的人的图像。

人名转换和文字转换的原理一样，"菲常记忆"有自己的一套人名姓氏编码表，可以在本书末尾的附录中查看。

4. **联结记忆：** 想象一个人看着《清明上河图》，然后把它折起来，端在手里。

上述两个例子中，涉及两个技能。第一个技能是第五章中讲到的找关键词，第二个技能是贯穿本书的联结记忆。

联想法二：联想故事法

什么是联想故事法

前面我们讲了记忆有单一固定答案的知识信息的连锁拍照法，而对于有多个固定答案的知识信息，一般可以采用联想故事法。

联想故事法是指把信息转换成图片后，编排成有画面的情景故事后进行联结记忆。其应用范围一般为有多个固定答案的信息，如多选题、简答题等。它的特点是让联结变得更有趣、更好玩儿、更有画面感，同时也更加容易记忆。

联想故事法的三大诀窍

联想故事法可以从三个方面去展开使用，即故事情景、故事逻辑和字头歌诀。

1 ▶ 故事情景

故事情景就是将信息串联成生动形象的画面，加入具体的场景、动作、情节后，再进行联想记忆。下面我们通过三个例子，让大家更具体地理解故事情景的运用。

例1：用故事情景熟记下列词语。

> 蜜蜂 拖鞋 耳机 口罩 无奈 纸巾
> 玫瑰 冰箱 螺丝 车轮 字典 水壶

记忆思路：将词语转换成图片后，编排成有画面的情景故事进行联结记忆。

记忆步骤：

1．理解：先通读一遍需要记忆的词组，并理解其意思。然后看其中是否有抽象词，并将其标记出来。在本例中，我们可以看到"无奈"是一个抽象词。无奈是一种情绪，表示没有办法了，无计可施。

2. 找关键词： 由于本身都是单词，而且都需要记忆，所以无须再找关键词。

3. 转换出图： 形象词可以直接出图，如蜜蜂、拖鞋等都有一个具体的形象。对于一些相对抽象的词语，比如无奈，则需要先理解再转换。

我们可以结合转换原则——望文生义和谐音，将无奈转换成"没有牛奶很无奈"。

4. 联结记忆： 在完成词语转换出图后，我们就可以把这些词语编成有画面的情景故事，进行联结记忆。

蜜蜂脚上穿着拖鞋，头上还戴着耳机和口罩，发现牛奶没有了，做出无奈的表情。之后用纸巾包着玫瑰放进冰箱，冰箱的螺丝掉出来了，掉到了车轮上，车轮轧着字典向前，撞倒了前面的水壶。

注意，故事情景不要复杂，可以有趣一些，以便降低回忆难度。

例 2：运用故事情景速记下面的信息。

古时候，我国北方一些民间传说中的"五毒"是 5 种动物，它们分别是蜈蚣、毒蛇、蝎子、壁虎和蟾蜍。

记忆步骤：

1. 理解：在我国有一些地区，有端午驱"五毒"的习俗。五毒是指蜈蚣、毒蛇、蝎子、壁虎和蟾蜍。一些地方民俗认为每年夏历五月端午日午时五毒开始滋生，于是有了避五毒的习俗。

2. 找关键词：要在题干当中找到关键词"五毒"，即蜈蚣、毒蛇、蝎子、壁虎和蟾蜍。

3. 转换出图：这一步就是将关键词进行一个转换出图的过程，由于这5种动物都有对应形象的画面，所以直接将其转换成对应的画面就可以了。

4. 联结记忆：将转换出来的画面按顺序进行联结记忆——蜈蚣趴在毒蛇身上，毒蛇缠住蝎子，蝎子的钳子钳断壁虎的尾巴，断尾的壁虎跳进了蟾蜍的嘴里。

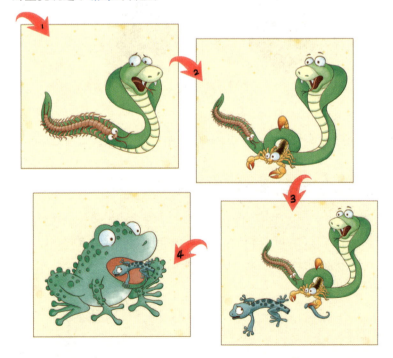

2 故事逻辑

故事逻辑就是在故事中添加一些逻辑思维,让故事变得更加有逻辑性,更容易被理解和记忆。

我们通过例题来看看故事逻辑的具体运用:

例 3:多选题。

下列乐曲属于柴可夫斯基代表作品的有(   )。

A.《睡美人》 B.《命运交响曲》 C.《天鹅湖》 D.《胡桃夹子》

正确答案:ACD。

记忆步骤:

1. 理解:柴可夫斯基是俄罗斯知名的作曲家,19 世纪浪漫乐派代表人物之一。他的代表作有《天鹅湖》《胡桃夹子》《睡美人》等。

2. 找关键词:题干中的关键词是柴可夫斯基,对应的作品是《天鹅湖》《睡美人》《胡桃夹子》。

3. 关键词转换出图:柴可夫斯基可以联想为拉着柴的客服当司机,《天鹅湖》可以联想成湖中美丽的天鹅,《睡美人》可以联想成正在睡觉的美人,《胡桃夹子》可以联想成核桃夹子。

4. 联结记忆:根据上一个步骤已经出图的画面,将它们有逻辑性地联结起来变成一个小故事:

拉着柴的司机,行驶到了湖边,只见一只天鹅正在水边,似乎在守护着一只巨大的贝壳。走近一看,贝壳里躺着一个睡美人,司机送了一个核桃夹子给她。

在记忆没有顺序要求的多选题或者简答题的信息时，可以根据逻辑调换故事编写的顺序，以便记忆。

 **3** **字头歌诀**

字头歌诀是提取信息的首字或关键词，然后转换成画面进行联结记忆。适用于常识类、古诗词、文章，以及多个答案的信息的记忆，如多选题、简答题等。

例4：生活常识记忆。

> **速记二十四节气**
>
> 立春、雨水、惊蛰、春分、清明、谷雨、立夏、小满、
> 芒种、夏至、小暑、大暑、立秋、处暑、白露、秋分、
> 寒露、霜降、立冬、小雪、大雪、冬至、小寒、大寒。

记忆步骤：

1. 理解： 二十四节气是上古农耕文明的产物，从立春到大寒，轮回交替，是反映气候和物候变化、掌握农事季节的工具。

2. 找关键词： 二十四节气分为春夏秋冬四个季节，每一个季节有六个节气，可以提取每个词语的首字或者关键词作为歌诀的组成部分。没有重复字的节气取第一个字，有重复的取第二个字。最后我们便得到了下面几句：

春雨惊春清谷天，夏满芒夏暑相连。

秋处露秋寒霜降，冬雪雪冬小大寒。（儿歌）

3. 转换出图： 春雨惊可以想象成春天和浴巾，清谷可以想象成青色的稻谷；夏满芒夏可以想象成杠果从天上掉下来，暑相连可以想象成红薯穿成项链；处露可以想象成出炉，寒霜降可以想象成韩式辣酱；冬雪雪冬可以想象成冬天的雪冻住了，小大寒可以想象成大大小小的汗珠。

4. 联结记忆： 春天浴巾挂在青色的稻谷上，夏天杠果掉下来砸到了红薯做的项链，秋天出炉韩式辣酱，冬天的雪冻住大大小小的汗珠。

　　大家可以根据自己的习惯进行调整，使得歌诀更容易出图和记忆。

　　综上所述，有多个固定答案的信息，就用联想法中的故事法去记忆，可以从故事情景、故事逻辑和字头歌诀等角度进行转换出图。

　　需要记忆的信息相对较少，可以使用故事逻辑或者故事情景进行联结记忆；需要记忆的信息相对较多时，比如二十四节气的记忆，可以提取首字编成字头歌诀进行速记。

　　利用故事情景和故事逻辑的步骤相对简单，其中的抽象词语先转换成形象词，然后将关键词依次出图后进行有效联结记忆。对于形象词，直接出图后进行联结记忆。

　　而在使用字头歌诀时，需要把信息的首字编成歌诀进行速记。联想成故事后除了要保证画面有趣、容易记忆之外，还需要注意知识点的还原度。

"菲常"练习：连锁拍照法

练习1 成语记忆（单选）

> 下面的成语正确的是（   ）。
>
> 　　　　A. 平心而论　　　　　　　　B. 凭心而论

写出你的记忆步骤：_____

_____

正确答案：A。

参考记忆：

1. 熟读理解。

2. 关键字： 平。

3. 转换出图： 平出图水平面。

4. 联结记忆： 坐在一个水平面上和别人心平气和地讨论。

练习2 历史知识记忆

> 　　我国现存最早的农书是《齐民要术》。

写出你的记忆步骤：_____

参考记忆：

1. **熟读理解。**

2. **关键词：**农书、《齐民要术》。

3. **转换出图：**齐谐音一起，要术谐音要书。

4. **联结记忆：**农民一起去要书。

练习3　历史知识记忆（单选）

秦始皇统一全国之后，采用了（　）治理国家。

A. 三省六部制　　　B. 行省制　　　　C. 分封制　　　　D. 郡县制

写出你的记忆步骤：＿＿＿＿＿＿＿＿＿＿＿＿＿＿＿＿＿＿

正确答案：D。

参考记忆：

1. **熟读理解。**

2. **关键词：**秦始皇、郡县制。

3. **转换出图：**郡出图菌菇。

4. **联结记忆：**秦始皇在吃菌菇。

练习4　生物知识记忆（单选）

下列消化道的各部分中，含消化液种类最多的是（　　）。

A. 口腔　　　　　B. 大肠　　　　　C. 胃　　　　　D. 小肠

写出你的记忆步骤：＿＿＿＿＿＿＿＿＿＿＿＿＿＿＿＿＿＿

正确答案：D。

参考记忆：

1. **熟读理解。**

2. **关键词：**消化液、小肠。

3. **转换出图：**消化液出图液体。

4. **联结记忆：**小肠泡在液体里。

我们来复盘一下，只要有一个固定答案的知识，就用联想法中的连锁拍照法。具体步骤很简单，即找出问题和答案中的关键词，然后把两个关键词转换出图后联结记忆。联想的时候一定要画面简洁、有趣，这样才更容易回忆。

"菲常"练习：联想故事法

练习 5 **熟记下列词组**

> 行书 玉米 八爪鱼 球鞋 满足 泡菜
> 草莓 电脑 危机 饼干 难过 绳索

写出你的记忆步骤：＿＿＿＿＿＿＿＿＿＿＿＿＿＿＿

参考记忆：排成一行行的书上面放着玉米，被八爪鱼吃掉，八爪鱼穿着球鞋，满足地踢着足球，拿起一碗泡菜倒到草莓里面，把草莓扔到电脑里，在电脑旁边喂鸡吃饼干，鸡吃不下，难过地找出一条绳索把自己绑住。

练习 6　历史知识记忆

> 我国的四大名楼是？

写出你的记忆步骤：_____

_____

> 正确答案：岳阳楼、黄鹤楼、鹳雀楼、滕王阁。

参考记忆：

关键词： 岳、黄、鹳、王。

转换出图： 岳谐音出图月，王、鹳可谐音王冠。

联结记忆： 黄色的月亮贴在王冠上。

练习 7　历史知识记忆

> 长城九关分别是哪九关？

写出你的记忆步骤：_____

_____

正确答案：嘉峪关、山海关、居庸关、紫荆关、娘子关、武胜关、雁门关、平型关、友谊关。

参考记忆：

关键词： 嘉、山海、居、紫荆、娘子、武、雁门、平、友谊。

转换出图： 嘉谐音出图家，居出图回家居住。

联结记忆： 娘子摘了一朵紫荆花练武飞过雁门，经过山海，回到家居住，吃了苹果，重新建立友谊。

连锁拍照法之"菲常"解惑

Q1 **连锁拍照法适合记忆哪些知识信息？**

连锁拍照法适合记忆只有一个固定答案的信息，例如单选题、判断题、文学常识、自然科学知识等。

Q2 **选择题或判断题中如何确认关键词？**

选择题（单选/多选），把题干关键词和答案关键词分别找出来，进行串联记忆，前提是这些词能够还原相应的内容。判断题则可以理解为定义类的题型，将定义里的关键词找出来，同样需要还原内容。

联想故事法之"菲常"解惑

Q3 **如何提升联想能力和想象力？**

提升联想能力和想象力不是一朝一夕就可以实现的，需要长期训练和培养，看童话和科幻故事就是个不错的选择。阅读科幻或者童话故事，能够给自己的想象提供思路。比如蜘蛛侠是根据蜘蛛会吐丝的特性，蜘蛛外表比较经典的红色和蓝色，以及蜘蛛的移动方式等联想出来的。我们在实战中便可以利用蜘蛛侠的这些特征去记忆信息，或者利用这种艺术手法去创作新的剧情。

Q4 运用字头歌诀时，编歌诀太难了怎么办？

首先，要确认编的歌诀有故事感，朗朗上口；其次，歌诀的内容不一定全部是由字头组成，可以是这个内容里你所认为的关键词；最后，学会利用谐音、字形、偏旁部首等，原字不好直接编歌诀，可以尝试转化一下再编成歌诀。

第八章　右脑绘图记忆法

知识要点

- 简笔画绘制过程及绘制要点。
- 知识点绘制。
- 掌握右脑绘图记忆知识点的流程和步骤。
- 了解古诗词记忆的流程。

我们平时接触的很多信息，都是以图片的形式展现出来的，生活和工作中的万事万物，所想所感均是图片。所以我们在记忆时，要做的就是返璞归真，把所有要记忆的信息还原成图片进行记忆。

好用的右脑绘图记忆法

什么是右脑绘图记忆法

右脑绘图记忆法就是把文字、数字、声音等知识信息转换成右脑擅长的图片进行记忆，而为了增强理解，我们可以根据自己的认知和理解亲手绘制图片。

右脑绘图记忆法的好处

（1）把短时记忆变成长时记忆，便于后期提取信息。

（2）增强学习兴趣，把枯燥的信息变成生动形象的画面速记下来。

（3）发现自己的才华，增强自信心。

（4）感受到绘画记忆给人带来的快乐。

绘制步骤

准备好我们的画图工具：铅笔（或彩色铅笔）、橡皮、白纸。之所以选择铅笔，是因为铅笔方便调整，错了可以擦掉，更适合初学者。还可以选择水彩笔和马克笔。

准备好画图工具后，就要了解画图的步骤，步骤如下：

理解需要记忆的信息→出图→中性笔描绘轮廓→彩色铅笔上色→红笔标注记忆文字→署名及标注时间。

1. 理解：我们在记任何信息的时候，第一步都是将信息理解到位，如果没有理解就去记忆，只会做无用功。理解信息的意思会帮助我们记得更快、更牢。

2. 出图：如果需要记忆的内容是形象词，那么我们可以直接出图，比如说"足球"，我们就可以想象一个黑白格子相间的足球；如果需要记忆的是抽象词，那就要用到我们之前讲到的五大转换原则（替换、谐音、增减倒字、望文生义、关键词），比如说"成功"，我们就可以通过谐音把它转换成"橙弓"，进一步出图为"橙色的弓箭"。

3. 中性笔勾轮廓：出图后，在纸上画出大致的轮廓。

4. 上色：在轮廓的基础上，用彩色铅笔上色，因为大脑更容易记忆颜色鲜艳的东西，这也能更好地辅助我们进行记忆。

5. 红笔标注记忆文字：将文字备注在图片旁边，方便背诵。

6. 署名及标注时间：完成一幅画作后，自然要署上自己的名字，记录自己的成长历程。

右脑绘图记忆法出图的原则

出图对于我们的记忆特别重要，出图时要遵循以下原则：

1. 形象词：

（1）**直接出图**。简单的形象词可以直接出图并绘制，如苹果、建筑、鱿鱼。

（2）**局部出图**。比较复杂的形象词，可选择其最有特点的部位

进行简化，比如人用头部替代，醉酒用酒杯代替。

2. 抽象词：

（1）同音替换。

例如："刚才"可以出钢材的图。

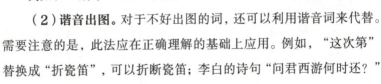

（2）谐音出图。对于不好出图的词，还可以利用谐音词来代替。
需要注意的是，此法应在正确理解的基础上应用。例如，"这次第"
替换成"折瓷笛"，可以折断瓷笛；李白的诗句"问君西游何时还？"
中的"西游"可以替换成西柚。

（3）**倒字**。例如"年少"可以替换成"少年"。

（4）**望文生义**。望文生义就是根据字面意思作牵强附会的解释。例如"金融"可以替换成"金子融化了"。

3. 虚词实化：

很多虚词不方便记忆，可将其转化成具体实物的方式来代替，比如，"噫"可直接联想成一名医生，"乎"用一只老虎来出图更容易记住。

4.建立图像代码：

（1）同样的图形不同的颜色表示不同的含义，如红色圆圈表示太阳，黄色圆圈表示与"明亮"相关的意思。

（2）很多事物有自己的特征，可以将事物的特征与颜色固定下来，形成固定思维，提升出图效率。如颜色固定——海默认为蓝色，草地默认为绿色；图像固定——悲伤默认使用表情包里的悲伤表情。

图像绘制要点

1.关注边缘轮廓：绘制图像时注意不要过度关注细节，而是要掌握整体的轮廓框架，先绘制整体结构，再逐步刻画细节。

所有的图像都可以由圆形、方形、三角形及其变形构成。

2. 绘制结构： 在绘制的过程中，注意结构，简化线条。强调转折，坚硬的地方绘制实线，柔软的地方绘制的线条要柔和，下笔要轻。

3. 抓住特点： 注意观察事物，强化特点，突出特征。例如，猫的特点就是它的胡子，因此在绘画的时候要注意突出胡子。

4. 绘制色彩： 我们的大脑对色彩的感知是与生俱来的，对多彩的世界和图像都充满向往，就像我们春天喜欢春游一样，色彩的重要性不言而喻。色彩的绘制，也能增加图像的魅力。

用右脑绘图记忆法记忆名词解释和古诗词

充分利用右脑的形象思维，把名词、古诗词等按照它们本身的顺序绘制出来，在脑海中留下永久的痕迹，更有助于理解内容。

名词解释

例1：记忆下面这段话。

> 教育影响：是教育实施活动的手段，是置于教育者和受教育者之间并把他们联系起来的纽带，主要包括教育内容、教育措施等。

记忆思路：这是一段名词解释，其中包含形象词和抽象词，可以用绘图法来帮助记忆。

记忆步骤：

1. 理解：教育影响把教育者和受教育者通过教育的内容和教育的措施联系在一起，最初的教育活动中，教育者通过口授和示范动作传授自身经验，是受教育者的唯一教育影响源。

2. 找关键词：教育者、受教育者、纽带、教育内容、教育措施。

3. 转换出图：教育者可以直接出教师的画面，受教育者可以出学生的画面，纽带直接出图即可，教育内容可以直接固定成一本书的画面，教育措施可以具体到说话的画面。

4. 联结记忆：老师拿着一本书，说着话，中间便产生了纽带。

需要特别注意的是，按以上方法记忆知识点后，还需要注意查看是否能还原，并做好定期复习。

古诗词右脑绘图记忆

无论运用什么方法记忆古诗词，都有一定的流程和顺序，接下来就和大家分享一个通用的记忆顺序。

（1）通读（在通读的过程中找出不认识的字词，同时通过古诗词的背景和注释去理解作者要表达的含义）。

（2）确定方法（记忆方法的选择取决于自身喜好）。

（3）记（出图线索）。

（4）忆（关键词线索回忆路径）。

（5）还原修正（完整版）。

（6）复习（定时）。

例2：古诗词记忆。

锦瑟

唐　李商隐

锦瑟无端五十弦，一弦一柱思华年。

庄生晓梦迷蝴蝶，望帝春心托杜鹃。

沧海月明珠有泪，蓝田日暖玉生烟。

此情可待成追忆，只是当时已惘然。

译文： 美丽的锦瑟为什么要有五十根弦？一弦一柱都让我想起了青春年华。庄周曾经在梦里化身成了蝴蝶，望帝把思乡之心托给了杜鹃。沧海月明下的眼泪变成了珍珠，蓝田美玉，日头温暖，仿佛会升起朦胧的烟。这些感情现在还可以追忆，在当时却让人感到惆怅、迷茫。

背景： 李商隐天资聪颖，二十岁出头就考中进士，后因遭人妒忌，从此怀才不遇。中年丧妻，又因写实抒怀，遭贬斥。这首诗写于作者晚年，对《锦瑟》一诗的创作旨意历来众说纷纭。有的说是爱国之篇，有的说是悼念亡妻之作，有的说是自伤身世，自比文才之论。《史记·封禅书》载古瑟五十弦，后一般为二十五弦。五十弦有断弦之意，但即使这样，它的每一弦、每一音节，也足以表达对那美好年华的思念。

记忆思路：这是一首七律古诗词，作者是针对自身有感而发，如果不了解诗词创作的背景，就很难读懂作者隐含其中的浓烈的情感。记忆过程转换出图十分重要。整体来说，诗中运用了大量形象词，可以用绘图法来帮助记忆。

记忆步骤：

1. 理解：弄懂字词句义，了解译文及作者写作时的相关背景。

2. 找关键词：锦瑟、庄生、蝴蝶、望帝、杜鹃、月、日、情、惘然。

3. 转换出图：锦瑟是形象词，直接出图即可；庄生年代相对于我们比较久远，对他的样貌并不熟悉，可以转换出图为树桩、花生；蝴蝶直接出图即可；望帝同庄生一样，转换出图为土地；杜鹃直接出图即可；月、日直接出图即可；情想象成表达爱情的玫瑰花；惘然想象成燃烧。

（注：古诗词的画面要有整体感。）

红领巾　　　　瑟　　　一根琴弦　柱子　　　滑梯

树桩　　　　　　花生　　　　　蝴蝶

土地　　　　　　春心　　　　手托杜鹃

海浪、月亮、猪、眼泪　　　蓝天、玉镯、太阳、生烟

爱情　　　可乐　　　蚂蚁　　　铃铛　　　燃烧

4.联结记忆： 锦瑟放在树桩上，琴弦断了崩到一只蝴蝶身上，蝴蝶倒在大地上，一只杜鹃，看着月亮，盼着太阳，去拿着玫瑰花表达情感，谁知玫瑰竟然燃烧起来。

注意：绘图完成要还原记忆。如果不能还原，还可以提取首字，用字头歌诀去记忆。比如锦衣装网，藏懒辞职（穿着锦衣去装网，藏起来偷懒想辞职）。

总结：

（1）在绘图的过程中注意整体观察，分析它的形状，观察整体是从圆形、方形、三角形哪种图形变形而来，从整体角度去把握物体外形。

（2）形象词注意直接出图即可，如果非常复杂，可以以其有特征的局部替代图像出图；抽象词需要转换成形象词后出图；虚词要实化后再出图。

（3）绘图前注意要提取关键词，对关键词之间的关系进行绘制。绘制前对文字的理解至关重要。

"菲常"练习

练习1　名词解释记忆

呼吸作用：生物体内的有机物在细胞内经过一系列的氧化分解，最终生成二氧化碳或其他产物，并且释放出能量的总过程。

绘画区：

提示：像这种信息量少、通俗易懂的知识点我们可以用绘图法来记忆，其间也可以使用关键词联想故事来帮助记忆。

练习2

> 观书有感
>
> 南宋　朱熹
>
> 半亩方塘一鉴开，天光云影共徘徊。
>
> 问渠那得清如许？为有源头活水来。

绘画区：

右脑绘图法之"菲常"解惑

Q1 **不会画画、不敢画，或者画得太丑怎么办？**

　　万事开头难，学习之后就会发现其实没那么复杂。只要绘制一些基本的图形就可以很好地运用绘图记忆法对知识进行记忆。尝试绘制下面的内容，动笔试一试。

Q2 **不知道文字信息如何绘画？**

　　还记不记得前面讲解联想记忆的时候提到过文字信息出图的方法？只要绘制出看到这个文字时脑海中浮现的画面即可，如果不是很会画，可以从网上搜索你想象出来的画面关键词，先临摹，再创作，反复几次就可以轻松绘制脑海中的画面了。这种训练也可提升联想记忆能力，让你想象的画面更加清晰具体。

第九章　记忆宫殿法

知识要点

● 了解记忆宫殿的原理及使用方法。

● 学习打造记忆宫殿。

神奇的记忆宫殿法

记忆宫殿的起源

　　记忆宫殿的首创者是西摩尼得斯。传说公元前447年，西摩尼得斯在参加宫廷宴会时，突然宴会厅外有两位年轻人来找他。当他走出宴会厅时，年轻人已不见踪影，此时宴会厅却突然坍塌，砸死了厅内所有人。由于尸体血肉模糊，无法辨认，他只能凭记忆，根据不同座位回忆相应的客人的姓名。事后，西摩尼得斯意识到可以运用有顺序的位置信息记忆各种材料。此后，希腊和罗马的哲人政客们开始广泛使用记忆宫殿来记忆演讲词，一方面是因为当时纸张昂贵，书写费时；另一方面是因为记忆在脑海中，即使没有草稿也可以随时发表长篇大论。

什么是记忆宫殿？

　　信息好比房间里面的衣物，如果没有合理的规划，那么当你需要时就会发现非常杂乱，要花费很长时间才能找到。如果将衣服分门别类地放在不同的储物柜里，那么在后期找寻的时候就会非常快速，而且看起来井井有条。

　　记忆宫殿是利用大脑擅长形象记忆和空间记忆的能力，把信息转换成图像，与物体、空间进行联想记忆。记忆宫殿可以帮助我们开启图像记忆的大门，它就好比储物柜一样，可以把要记的信息分门别类地放进大脑"储物柜"中，这样回忆的时候就可以很快通过"储物柜"提取出自己需要的信息。

　　记忆宫殿最大的好处就是，可以快速准确地查找知识信息，就像图书馆里的搜索引擎一样，只要输入关键词，就可以快速地筛选出你要的书籍信息。

快速检索

精准定位

那么如何打造我们大脑的存储空间呢？

记忆宫殿的种类

（1）数字记忆宫殿；

（2）身体记忆宫殿；

（3）人物记忆宫殿；

（4）汽车记忆宫殿；

（5）地点记忆宫殿；

（6）万物记忆宫殿。

1　数字记忆宫殿

数字记忆宫殿是利用数字编码作为定位系统，把需要记忆的多条信息依次跟编码进行联结，创建记忆线索，从而达到快速和精准的记忆目的。

为了更好地运用数字记忆宫殿，我们一定要熟练掌握第三章中的 110 位数字编码系统。

例1：用数字编码 1—10 记忆下列信息。

数字编码记忆十天干：甲、乙、丙、丁、戊、己、庚、辛、壬、癸。

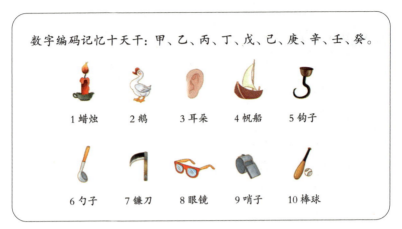

1 蜡烛　　2 鹅　　3 耳朵　　4 帆船　　5 钩子

6 勺子　　7 镰刀　　8 眼镜　　9 哨子　　10 棒球

　　记忆思路： 十天干涉及 10 个信息，我们正好可以运用数字编码 1—10 进行记忆，每个信息与一个编码联结，从而通过数字编码的线索实现快速回忆。

　　记忆步骤：

　　1. 理解： 十天干是中国古代的一种文字计序符号，共 10 个。中国等汉字文化圈国家古代常以之来命名、排序、纪年月日时。

　　2. 找关键词： 甲、乙、丙、丁、戊、己、庚、辛、壬、癸。

　　3. 转换出图： 甲谐音出图甲板；乙谐音出图衣服；丙谐音出图饼；丁谐音出图螺丝钉；戊谐音出图一个人在跳舞；己谐音出图鸡；庚谐音出图蛋羹；辛谐音出图笔芯；壬谐音出图杏仁；癸谐音出图柜子。

　　4. 联结记忆： 转换出图后和数字编码进行联结记忆。

1 蜡烛—甲

2 鹅—乙

3 耳朵—丙

4 帆船—丁

5 钩子—戊

6 勺子—己

7 镰刀—庚

8 眼镜—辛

9 哨子—壬

10 棒球—癸

数字记忆宫殿比较有序，适合记忆条款类的内容，如工作中的公司条款、规章制度、应急事件等相关知识，同时还适用于生活中记忆超市购物清单、商场购物商品编号等。

▷2　身体记忆宫殿

身体记忆宫殿是通过对人体部位进行定位，搭建路径，再将需要记忆的信息与之进行联结记忆，然后通过身体部位快速回忆所记忆的内容。

身体记忆宫殿的特点是非常灵活，实用性强，而且触手可及，所以联结记忆更清晰，比较适合记忆临时性的知识信息，以及非常重点的知识。

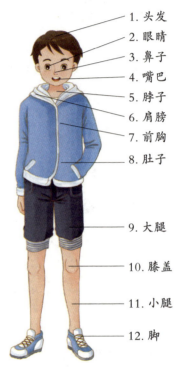

1. 头发
2. 眼睛
3. 鼻子
4. 嘴巴
5. 脖子
6. 肩膀
7. 前胸
8. 肚子
9. 大腿
10. 膝盖
11. 小腿
12. 脚

例 2：十二生肖的排列顺序。

第一位：鼠	第二位：牛	第三位：虎	第四位：兔
第五位：龙	第六位：蛇	第七位：马	第八位：羊
第九位：猴	第十位：鸡	十一位：狗	十二位：猪

记忆思路： 由于十二生肖是按照一定顺序排列的，且数量较多，所以选用身体记忆宫殿进行记忆。

记忆步骤：

1. 理解： 十二生肖，又叫属相，是与十二地支相配，记录年份的十二种动物，包括鼠、牛、虎、兔、龙、蛇、马、羊、猴、鸡、狗、猪。

2. 找关键词： 鼠、牛、虎、兔、龙、蛇、马、羊、猴、鸡、狗、猪。

3. 转换出图： 动物是形象词，直接出图。

4. 联结记忆： 和身体部位联结记忆。

1 头发—鼠　　　　2 眼睛—牛　　　　3 鼻子—虎

4 嘴巴—兔　　　　5 脖子—龙　　　　6 肩膀—蛇

7 前胸—马　　　　8 肚子—羊　　　　9 大腿—猴

10 膝盖—鸡　　　　11 小腿—狗　　　　12 脚—猪

记忆完要回顾一下，流程是先通过记忆宫殿回忆关键词，先确保不丢失信息，然后通过关键词进行还原内容，做好记忆修正。

身体记忆宫殿是初学者最容易上手也是最常用的记忆宫殿之一，因为我们对自己身上每个部位都非常熟悉，可以快速进行联想记忆，也是考试常用的记忆方法。身体记忆宫殿不只有 12 个，看个人的熟悉和运用，可以找到 15 个或者 20 个（比如还有手臂、手掌、耳朵……），但是建议不要超过 20 个，因为太多了，每个地点离得太近容易混。另外，地点要按照一定的逻辑顺序，比如从上往下。

身体记忆宫殿适合记忆零散且篇幅较短的知识点。

 3   人物记忆宫殿

人物记忆宫殿是对人物角色进行定位，搭建路径，再将所需记忆的信息与之进行联结记忆，通过人物角色快速回忆所记内容。这种方法不易混乱，有顺序，可以快速掌握运用。

爷爷　　奶奶　　爸爸　　妈妈　　哥哥　　姐姐　　弟弟　妹妹

例3：利用人物记忆宫殿记忆图书内容摘要。

> 《高效能人士的七个习惯》
>
> 1. 积极主动　2. 以终为始　3. 要事第一　4. 双赢思维
>
> 5. 知彼解己　6. 协作增效　7. 不断更新

记忆思路：类似这样的信息，想要快速记忆，可以选用人物记忆宫殿方法。因为需要记忆的信息是七个习惯，运用人物记忆宫殿就会比较适合，因为每个人物角色可以对应一个习惯。

记忆步骤：

1. 理解：《高效能人士的七个习惯》由中国青年出版社出版，作者是史蒂芬·柯维。七个习惯见上文。

2. 找关键词：积极主动——积、主；以终为始——终；要事第一——要事；双赢思维——双赢；知彼解己——知、彼；协作增效——协作；不断更新——不、新。

3. 转换出图：积、主出图鸡、猪；终出图钟；要事出图爸爸在工作中处理要事；双赢出图双手拿苍蝇拍打苍蝇；知、彼出图纸、笔；协作出图做鞋；不、新出图新布。

4. 联结记忆：把知识点和人物进行联想记忆。

爷爷——积极主动	奶奶——以终为始	爸爸——要事第一
妈妈——双赢思维	哥哥——知彼解己	姐姐——协作增效
弟弟——不断更新		

知识点：积极主动。

联想：爷爷很爱养鸡和猪，特别积极主动。

知识点：以终为始。

联想：奶奶每次跑步的时候，从终点跑回来时都抱着一个钟。

知识点：要事第一。

联想：爸爸不管做什么事都要拿一串钥匙，每次都是第一个冲上去。

知识点：双赢思维。

联想：妈妈做家务时，用双手拍苍蝇。

知识点：知彼解己。

联想：哥哥带着纸和笔给自己解题。

知识点：协作增效。

联想：姐姐做鞋的时候特别有效率。

知识点：不断更新。

联想：弟弟围着一块新的布。

　　要注意的是，联想的画面要比较形象才有利于记忆。例如"不断更新"，如果联想成弟弟喜欢玩游戏，不断更新系统，画面感不强就不容易还原，从而导致回忆时找不到线索。

　　除了家庭成员外，我们还可以找比较特殊且有代表性的人物形象，例如猪八戒、孙悟空等。不建议找不熟悉或者特点不鲜明的人物作为记忆宫殿。

　　人物记忆宫殿适合记忆地理知识、历史知识、简答题等。

4 汽车记忆宫殿

汽车记忆宫殿是利用汽车的部位作为定位系统，把需要记忆的知识信息依次与各部位进行联想记忆。其原理是把需要记忆的信息转换出图与汽车部位进行联想记忆，具有可以快速熟悉运用、比较灵活、回忆精准和定位准确的特点。

① 轮胎　② 车灯　③ 车标　④ 挡风玻璃　⑤ TAXI
⑥ 方向盘　⑦ 前座　⑧ 后座　⑨ 后备箱　⑩ 排气管

例 4：用汽车记忆宫殿记忆 10 种说明文写作方法。

> 举例子　分类别　作比较　作诠释　打比方
>
> 摹状貌　下定义　列数据　画图表　引资料

记忆思路： 类似这样的 10 个及以上的信息，为了快速准确地记忆，可以选择汽车为记忆宫殿，与知识点进行联结，记忆深刻。

记忆步骤：

1. 理解： 写说明文要根据说明对象的特点及写作目的来确认最

佳方法，说明方法有：

举例子：举出实际事例来说明事物；

分类别：把被说明的对象，按照一定标准划分为不同类别，加以说明；

作比较：当要描述很抽象的事物时，可以用具体的或者大家熟悉的事物来和它比较，从而凸显事物特征；

作诠释：从侧面出发，就某一个特点做解释；

打比方：拿两个不同事物间的相似之处作比较，突出事物的形状特点；

摹状貌：对被说明对象进行状貌摹写；

下定义：将概念的本质特征用简明的语言做规定性的说明；

列数据：采用列数据的方法，让说明的事物更具体，便于理解；

画图表：用图表来说明复杂的事物；

引资料：引用经典、定律等来说明，让说明的内容更充实、具体。

2. 找关键词：举例子——举；分类别——分；作比较——比较；作诠释——诠；打比方——比方；摹状貌——摹状；下定义——定；列数据——数据；画图表——图表；引资料——资料。

3. 转换出图：举——两只手举着东西；分——用粉笔写字；比较——拿着东西进行比较；诠——一拳打破了东西；比方——笔插在四四方方的东西上；摹状——墨水撞在东西上；定——钉子；数据——写满数据；图表——画图表；资料——很多资料。

4. 联结记忆：和汽车部位进行联想记忆。

举例子——轮胎，联想两手举着轮胎；

分类别——车灯，用粉笔在车灯上写字；

作比较——车标，拿着两种车标进行比较；

作诠释——挡风玻璃，一拳打破了挡风玻璃；

打比方——TAXI，拿着笔插在四四方方的 TAXI 牌子上；

摹状貌——方向盘，墨水洒在方向盘上；

下定义——前座，前座被人扎了一个钉子；

列数据——后座，小孩子调皮，把后座写满数据；

画图表——后备箱，坐在后备箱画图表；

引资料——排气管，排气管吹散了很多资料。

知识点中有很多特别相似的词语容易混淆，这就十分考验记忆者对于文字的精准转换，并做有效区分联结的能力。出图时，一定要出具体文字的画面并做联结区分。比如打比方、摹状貌在实际运用中有相近的地方，如果直接出文字本身的含义，不易出图不说，还容易混淆，所以需要将其转换成具体的形象——墨水洒在方向盘上来出画面，这样便于回忆提取相关的信息。

汽车宫殿适合记忆文言文、古诗词、购物清单、生活工作中应急需要记忆的信息等。

使用汽车记忆宫殿时，需要先熟悉汽车每个部位的顺序，再依次将记忆信息与每个部位进行联结记忆，通过汽车部位上的画面线索快速回忆信息。汽车宫殿也是初学者常用的宫殿，比较容易上手，可以快速灵活运用。

▶ 5　地点记忆宫殿

地点记忆宫殿是利用生活中的地点作为定位系统。所谓地点又称地点桩，是指在某个空间中按顺序找到的一些物品和小空间，在记忆中把需要记忆的信息依次与各地点进行联想记忆。

地点记忆宫殿可以不断扩充，通过熟悉的场所找到大量的记忆宫殿。比如自己家里或是亲朋好友的家、学校以及周边的餐厅、商店，都可以作为记忆宫殿。

下图所示，就是把客厅中的物品作为定位系统。

①茶几　　②座椅　　③边几　　④沙发把手　　⑤抱枕
⑥柜子　　⑦餐桌　　⑧椅子　　⑨电视柜　　⑩电视

例 5：用地点记忆宫殿记忆元素周期表前 20 位。

> 氢（H） 氦（He） 锂（Li） 铍（Be） 硼（B） 碳（C） 氮（N）
>
> 氧（O） 氟（F） 氖（Ne） 钠（Na） 镁（Mg） 铝（Al）
>
> 硅（Si） 磷（P） 硫（S） 氯（Cl） 氩（Ar） 钾（K） 钙（Ca）

元素周期表是初高中化学必须掌握的知识点，前 20 位是常用也是学生必须掌握的 20 个元素。

记忆思路：这个内容的记忆方法有多种，可以运用联想故事法或者记忆宫殿法进行记忆。在这里我们运用记忆宫殿法记忆前 20 位。因为地点记忆宫殿可以帮助我们做到正背、倒背、抽背如流，并且通过快速的搜索，准确地定位回忆起想要提取的信息。

记忆步骤：

1. 理解：元素周期表是根据原子序数从小到大排列的化学元素列表。它在化学及其他科学范畴中被广泛使用。

2. 找关键词：全部都是关键词。

3. 转换出图：氢、氦谐音出图青海；锂、铍谐音梨皮；硼、碳谐音捧坛子；氮、氧谐音单身羊；氟、氖谐音扶奶奶；钠、镁谐音娜娜很美；铝、硅谐音闺女；磷、硫谐音挂着铃铛的柳树；氯、氩谐音绿色的鸭子；钾、钙谐音加盖。

4. 联结记忆：把元素周期表和地点位置进行联想记忆。

茶几上有一摊青海（氢、氦）。

座椅放满梨皮（锂、铍）。

边几上用手捧着坛子（硼、碳）。

沙发把手上有一只单身羊（氮、氧）。

拿起抱枕扶起奶奶（氟、氖）。

柜子上娜娜很美丽（钠、镁）。

餐桌上闺女倒立（铝、硅）。

椅子上有个人抱着一棵挂着铃铛的柳树（磷、硫）。

电视柜上摆着绿色的鸭子（氯、氩）。

电视上在播放加盖房子（钾、钙）。

地点记忆宫殿的优势是它可以对需要记忆的信息进行正背、倒背、抽背，如例题中记忆元素周期 20 位，你也可以尝试从最后一个地点桩开始回忆。

地点记忆宫殿适合记忆：长篇的文章或者古诗词，整本书，演讲稿等。工作和学习中只要是需要记忆大量信息的，都可以运用地点记忆宫殿的方法。因为我们可以不断扩充，找到更多的记忆宫殿，它没有数量局限。前面我们讲过的汽车记忆宫殿、身体记忆宫殿等在数量上有一定限制，很难扩充。但是地点记忆宫殿就没有这方面的担忧，可以无限扩充。

6 万物记忆宫殿

除了上述的几大类记忆宫殿外，万事万物都可以成为我们的记忆宫殿，比如说手上拿着笔，我们就可以从笔头找一个地点桩，笔尖找一个地点桩，笔帽找一个地点桩，这样就属于一支笔的一个记忆宫殿，有三个地点桩；再如一个冰箱也可以成为记忆宫殿，冰箱门可以成为一个地点桩，保鲜层、保鲜柜、冷冻柜等都可以成为地点桩。

通过前面的了解，当你熟练后，万事万物都可以当作记忆宫殿。万物记忆宫殿就是指一切我们可以看到的、接触到的、熟悉的物品，都可以成为我们的记忆宫殿。在记忆宫殿记忆法中，我们是以熟记新，用地点桩的承载力，来帮助我们记忆新的知识点。所以，我们要根据记忆宫殿的原理以及相关逻辑，来分析我们接触到的万事万物是否适合用来搭建记忆宫殿。

在记忆的过程中，要善于发现规律，我们也可以运用知识点本身的信息作为记忆宫殿，帮助我们联结记忆。

如何打造记忆宫殿

现在你已经通过上文了解了记忆宫殿的用法，感受到了这种方法的强大，接下来就让我们一起打造属于自己的记忆宫殿。

1.选择地点桩： 自己家里或是亲朋好友家里，学校以及周边餐厅，生活中常去的地方，都可以成为记忆宫殿的地点桩。

地点桩选取原则：

熟悉：只有熟悉的地方才可以第一时间回忆起地点，并且运用自如。

有序：根据自身的习惯设定即可，可以从左到右，或者从上到下。

有特征：如何判别这个地点是否有特征？那就是在寻找的时候第一眼就可以看到，同时容易想起细节，如果不能马上回忆出来就需要斟酌。

大小与空间距离适宜：空间距离很重要，建议自己找一下感觉。当你闭上眼睛回忆地点的时候，每个地点之间回忆的时间均衡且不会觉得太大或太小即可。

2. 地点桩分组：按照以上四大类，可以每个类别分别选取一定数量的地点，组建我们的大脑图书馆。一般来说，可以选取 30 个地点作为一大组，其中每 10 个地点为一小组。

用记忆宫殿法进行数字记忆、中文词汇记忆或是文章知识点记忆前应先将地点复习熟练。

你可以在自己家里的客厅和房间找到记忆宫殿，以下图为例，我们来练习一下。

我们往往按照顺时针或逆时针的次序来选取地点桩，一个空间找 10 个为宜。

　　只要你愿意，你可以找到无数的地点桩，你还可以在自己家的浴室、厨房、卧室各找出 10 个地点。

　　找到记忆宫殿的地点桩，需要把它进行拍照保存并做好记录，这样方便后期复习。

　　选取地点桩时需要注意的事项：

　　（1）同一个空间里相似的事物不建议使用，否则回忆时易造成混乱。比如厨房有两个一样的柜子，只能取一个作为地点桩。再如会议室里的椅子都是相似的，只能取一个作为地点桩。

　　（2）没有承载力、没有立体感、放不住（趋于平面）的东西不适合用来做地点桩，这样会导致与信息联结时画面感不强，回忆不清晰。例如墙上的贴纸、开关等。

　　（3）经常移动的物品不宜作为地点桩，比如放在桌子上的杯子、纸巾等，可能上一分钟放在桌子上，下一分钟就被拿走，这样会导致在提取信息时找不到地点桩。

通过本章我们学习了六大类型的记忆宫殿，不管是哪种记忆宫殿，都要通过把需要记忆的信息转换出图与物体、场景进行联结记忆。它们的原理本质上都是一样的。

数字编码、人物定位、身体定位、汽车定位这些记忆宫殿最大的好处就是比较熟悉，我们可以拿来即用，非常适合平时记忆一些应急信息，并且可以帮助我们迅速联结快速记忆。如果你临时有个紧急会议，正好身边没有可记录的东西，就可以运用以上几种记忆宫殿。但是这几种记忆宫殿的缺点是数量有限，很难继续扩大。

地点记忆宫殿和万物记忆宫殿最大的优点是可以无限扩大，只要你愿意，你可以找到上百组，甚至上千组记忆宫殿。它们可以满足我们记忆一整本书甚至更多知识点的需求。

"菲常"练习

练习1　**运用数字记忆宫殿记忆文化常识**

> 用数字编码11—22记忆十二地支
> 子、丑、寅、卯、辰、巳、午、未、申、酉、戌、亥

记忆思路：先找出11—22的数字编码熟悉一下，十二地支可以通过谐音转换出图，如"子"，用谐音出图为葵花子。

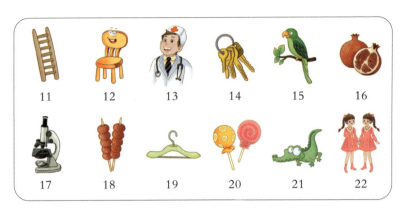

请写下你的记忆联想：_____

_____

_____

_____

_____

_____

_____

练习2   运用身体记忆宫殿记忆古诗

杳（yǎo）杳寒山道

唐　寒山

杳杳寒山道，落落冷涧滨。

啾啾常有鸟，寂寂更无人。

淅淅风吹面，纷纷雪积身。

朝朝不见日，岁岁不知春。

　　写出你的记忆联想：＿＿＿＿＿＿＿＿＿＿＿＿＿

＿＿＿＿＿＿＿＿＿＿＿＿＿＿＿＿＿＿＿＿＿＿＿＿＿

＿＿＿＿＿＿＿＿＿＿＿＿＿＿＿＿＿＿＿＿＿＿＿＿＿

＿＿＿＿＿＿＿＿＿＿＿＿＿＿＿＿＿＿＿＿＿＿＿＿＿

＿＿＿＿＿＿＿＿＿＿＿＿＿＿＿＿＿＿＿＿＿＿＿＿＿

参考记忆：

1. **熟读理解。**

2. **找关键词：**杳杳、唐、杳杳、落落、啾啾、寂寂、淅淅、纷纷、朝朝、岁岁。

3. **转换出图：**

头——杳杳，联想咬着头发；

眼睛——唐，联想白糖撒到眼睛里；

鼻子——杳杳，联想咬住鼻子；

嘴巴——落落，联想嘴巴吃着萝卜；

脖子——啾啾，联想酒洒到脖子上；

肩膀——寂寂，联想在肩膀上系了蝴蝶结；

前胸——淅淅，联想西瓜砸到前胸；

肚子——纷纷，联想花粉撒在肚子上；

大腿——朝朝，联想口罩放在大腿上；

小腿——岁岁，联想用水洗小腿。

练习 3   运用人物记忆宫殿记忆太阳系八大行星

> 水星 金星 地球 火星 木星 土星 天王星 海王星

记忆思路：先找出 8 个人物宫殿，把记忆信息转换出图（如水星——一桶水，金星——金子……），和具体的人物直接联结，每个人物对应记忆一个信息联结记忆。

写出你的记忆联想：

_____

_____

_____

_____

练习 4   运用汽车宫殿记忆八大古都

> 西安 南京 北京 洛阳 开封 杭州 安阳 郑州

记忆思路：可以运用汽车宫殿来记忆，需要把信息转换出图。如西安可以出成西瓜的图，或者可以出成当地比较有代表性的建筑或者食物等的图。只要是你能快速联想到的具有代表性的信息都可以，出图后与汽车部位进行联结记忆。

默写：

_____

_____

练习5　　运用地点记忆宫殿记忆如下十本古典名著

《水浒传》《三国演义》《西游记》《封神演义》《儒林外史》

《红楼梦》《镜花缘》《儿女英雄传》《老残游记》《孽海花》

记忆思路：你可以用例5中的地点记忆宫殿或者从自己家里找一组记忆宫殿，先熟悉地点的顺序。对需要记忆的信息找关键词转换出图，可以出信息相对应的画面或者关键词的图，出图后与地点桩联结记忆。

写出你的记忆联想：

记忆宫殿法之"菲常"解惑

Q1　**什么知识可以用记忆宫殿进行记忆？**

记忆宫殿可以广泛运用于我们的学习、工作和生活中，具体如下：

学习考试中可用于简答题、论述题、大量知识点、条款类信息、古诗词、文言文、整书等的记忆，工作中可用于演讲稿速记、公司条款、规章制度、应急事件等的记忆，生活中超市购物、应急需要快速记忆的信息、商场商品编号等的记忆。

Q2 用记忆宫殿记忆信息，多久后可以开始记忆新的信息？

我们使用记忆宫殿记忆的信息一般分为两种情况：一是我们平时做脑训练的内容，比如数字和中文词组等，如果是这种内容的记忆宫殿，一般在第二天就可以开始新的训练；二是我们需要较长时间记忆的信息，比如课本知识点、考试试题一类的信息，这种时候需要看我们的熟练情况，如果我们已经借助记忆宫殿把知识点记忆得非常牢靠了，那么就可以去记忆新的内容了。

Q3 是不是运用了记忆宫殿就不会遗忘？

记忆宫殿为我们提供了回忆线索，通过线索可以快速回忆所记忆的信息。但是对于我们记忆的这些知识也需要不断复习，只有这样才能做到不遗忘。

第十章　数字记忆法

知识要点

● 掌握如何运用数字记忆法记忆数据信息。

● 运用数字记忆法记忆知识并训练最强大脑。

在生活、学习、工作中会出现许多的数据信息，这些数据信息往往枯燥乏味，没有记忆方法的人第一眼看到繁杂混乱的数字就不想主动去记忆了，这主要是因为数字本身没有规律可遵循，也就不容易被记忆。但记忆数字是有方法的，如果你掌握了科学有效的速记方法，就可以轻松面对各种各样的数据信息，生活也会因此变得更加便捷，接下来让我们一同探寻数字记忆法的奥秘吧！

在数字、文字、声音和图片四种需要记忆的信息中，数字是最难记忆的一种，如果把数字记忆挑战成功的话，我们在学习工作中就没有记不住的信息了。那么数字要如何记忆呢？其实很简单，这就需要用到我们在第三章讲到的"数字转换出图"的技能了。尝试把每一个数字对应一个画面，这个画面就是这个数字唯一的编码，这样以后再记忆数字的时候，就可以通过图片回忆这个数字了。

数字记忆法就是把每两个数字转换成图片编码后再进行速记。其原理是根据数字的形象、声音、逻辑把数字转换成图片，利用右脑的想象力，把原本抽象的信息变成具体形象的图像，再利用联想去记忆。

这种方法一般适用于学科数据信息的记忆，也用于历史年代和重大历史事件，地理知识及购物清单、车牌号等生活数据信息的记忆。

当数字作为内容时（如学科数据信息、生活数据信息等）可以直接利用数字编码将数字转化为画面进行高效记忆；同时数字编码也可以成为我们的工具，用来记忆其他的信息。

接下来，我们将从三个方面给大家具体说明数字记忆法。

（1）学科数据信息记忆；

（2）生活数据信息记忆；

（3）数字记忆工具。

学科数据信息记忆

所有和数字有关的学科知识都可以用数字法进行速记，学科数据记忆一般包括历史年代、地理知识和专业知识等内容。

在记忆过程中，我们需要把学科中一些抽象的数字转换成图像，并以故事的形式进行记忆，同时形成有效的联结，建立画面感，使内容更加生动、有趣，实现快速记忆。

历史年代记忆

例1：利用数字编码记忆下列历史事件。

> 1894 年甲午中日战争。

记忆思路：把每个数字转换成图片，文字转换出图后再进行联结速记。

记忆步骤：

第一步：理解。甲午中日战争开始的 1894 年为甲午年，故称甲午战争。

第二步：找关键词。1894，甲午。

第三步：关键词转换出图。将 1894 想象成糖葫芦（18）粘着首饰（94）；甲午想象成做家务。

第四步：联结记忆。在战争废墟堆做家务的时候，用糖葫芦粘着首饰。

地理知识记忆

例2：利用理解和数字编码记忆地理知识。

> 世界上最长的河流尼罗河全长 6670 千米。

记忆思路： 先提取文字关键词和需要记忆的数字信息，然后转换出画面进行联结记忆。

记忆步骤：

第一步：理解。 世界第一长河——尼罗河，位于非洲东北部，全长 6670 千米，发源于布隆迪高原，由卡盖拉河、白尼罗河、青尼罗河汇流而成。

第二步：找关键词。 尼罗河，6670。

第三步：关键词转换出图。 将 6670 想象成溜溜球（66）砸到麒麟（70）身上；尼罗河可以想象成泥螺。

第四步：联结记忆。
最长的溜溜球（66）甩出去砸到麒麟（70）身上，弹回来了很多泥螺。

请注意，数字法记忆中对照回忆也很重要。既可以通过只看文字想出对应的数字信息，也可以通过数字信息回忆知识信息的内容。在回忆的时候，一定要找到自身在看中文时的关注点在哪里。因为你关注什么地方，什么地方就是你的回忆线索，在记忆的时候就要尽可能以这个线索进行联想。

生活数据信息记忆

生活和工作中会出现很多和数字相关的信息，比如电话号码、时间、生日、购物清单、快递取件码、验证码、账号、密码等，这些零碎的数字信息同样可以使用数字记忆法进行出图记忆。

随机数字记忆

例 3：请使用数字记忆法记忆以下数字信息。

> 9 9 5 3 8 2

记忆思路：数字信息两位为一组成为一个编码，然后将各个编码进行串联记忆。

记忆步骤：

第一步：理解。验证码、取件码这类随机数字信息是我们在日常生活中经常遇见的，通常都需要我们在短暂的一段时间内快速地记忆下来。

第二步：找关键词。99、53、82。

第三步：关键词转换出图。可以将 99 想象为舅舅；53 想象为乌纱帽；82 想象为靶儿。

第四步：联结记忆。舅舅把"乌纱帽"插在了靶儿上。

　　数字记忆入门一般采用两位编码，简单快捷，不断延伸，无须考虑整体的逻辑性。图像要具体、清晰、有色彩、关己、夸张搞笑。可以加入空间感，融入视觉、听觉、嗅觉、味觉、触觉"五感"。

时间日期信息记忆

例 4：记忆以下日期信息。

> 1991 年 03 月 22 日

　　记忆思路：提取数字信息，根据数字编码转换出画面进行联结记忆。

　　记忆步骤：

　　第一步：理解。对数字信息进行处理的时候，尽量将单位数的数字处理成两位数字编码形式，比如 3 月的 3 可以写成 03。

第二步：找关键词。1991、03、22。

第三步：关键词转换出图。将 19 想象为衣钩，91 想象为球衣，03 想象为凳子，22 想象为双胞胎。

第四步：联结记忆。衣钩上挂着球衣，球衣套住凳子，凳子压在双胞胎身上。

车牌号码记忆

例5：请记忆以下车牌号。

> 闽C B6957

记忆思路：把车牌号里面的文字、字母和数字进行出图处理，然后进行联想速记。

记忆步骤：

第一步：理解。闽是福建省的简称，福建省的所有车牌都是以"闽"字开头的，其中"闽C"是泉州市的车牌。

第二步：找关键词。闽、CB、69、57。

第三步：关键词转换出图。将闽字想象为虫在门里，CB可以想象为翅膀，69想象为太极，57想象为武器。

第四步：联结记忆。在门里挂着的虫长出了翅膀飞向了太极，太极印在武器上。

生活中，很多人在乘坐出租车的时候经常会遗忘重要的东西，但因为没有记住车牌号码最终没有办法找回，损失惨重。这里教给大家的这个简单的车牌速记方法，一旦需要的时候就可以马上用到。

数字记忆工具

数字不仅作为知识内容需要被记忆，同时也可以成为记忆工具被人们使用。在生活和工作中，数字可以用作记忆宫殿帮助我们梳理顺序，更加清晰地整理需要记忆的信息，从而准确、快速地联结记忆。另外，数字记忆训练可以提高专注力，训练自己的最强大脑。

下面的内容将会讲解利用无规律的数字速记杂乱琐碎的信息，具体可以使用数字记忆宫殿进行记忆。通过使用数字进行编排让琐碎的信息变得有条理、更加清晰，让无序的东西变得有序。

生活物品购物清单记忆

例 6：利用数字编码记忆下列购物清单。

妈妈让你出门帮她买东西，需要购买的物品如下：

牛奶   筷子   洗洁精   韭菜

胶带   胡萝卜   面包   灯泡

记忆思路：将打算购买的物品进行排序，一共有多少个物品，就从 1 开始按顺序用多少个数字编码做记忆宫殿辅助记忆，然后把数字编码与物品分别出图后进行联想速记。

记忆步骤：

第一步：理解。记忆的信息超过 7 个，可以选择编故事或者是记忆宫殿的方法，这里我们选择使用数字记忆宫殿的方法进行记忆。不管是什么方法，都需要先处理所需记忆的信息，所以首先要把上面的文字出图，然后再进行联想记忆。

第二步：找关键词。由于购物清单的东西每一样都需要记忆，而且都是关键词，所以这个步骤就可以省略。

第三步：转换出图。把数字编码与物品分别出图后进行记忆。

1.（蜡烛）——牛奶

2.（鹅）——筷子

3.（耳朵）——洗洁精

4.（帆船）——韭菜

5.（钩子）——胶带

6.（勺子）——胡萝卜

7.（镰刀）——面包

8.（眼镜）——灯泡

第四步：联结记忆。上述内容联结的方法及步骤见下页表。

序号	购买物品	出图	联想	图片
1	牛奶		一个长得像牛奶杯的蜡烛。	
2	筷子		鹅身上插着很多筷子。	
3	洗洁精		洗洁精长出了两只耳朵。	
4	韭菜		帆船上全是韭菜。	
5	胶带		胶带把钩子裹起来。	
6	胡萝卜		勺子插在胡萝卜上。	
7	面包		镰刀切面包。	
8	灯泡		灯泡戴眼镜。	

数字记忆法训练最强大脑

看似无逻辑、无关联的无规律数字记忆起来毫无头绪，但是运用一定的方法记忆后就可以为你所用。数字记忆除了用于在工作和生活中记忆信息，还能当作专注力训练工具来锻炼最强大脑。

专注力又称注意力，指一个人专心于某一件事或某项活动时的心理状态。专注力是智力的 5 个基本要素之一，是记忆力、观察力、想象力、思维力的准备状态，由于专注，人们才能集中精力去清晰地感知一定的事物，深入地思考问题，而不被其他事物干扰。

数字记忆法训练最强大脑的原理

运用数字记忆训练最强大脑的原理是，充分调动大脑在图像、色彩、动感、空间、想象等方面的潜能，强化大脑相关的皮质，通过转换出画面和联结，记忆一些超长的无规律的数字，训练我们的专注力、联想能力及想象力，增强大脑的记忆功能，练就最强大脑。

数字记忆法训练的目的

1.通过数字训练练习我们大脑的出图能力。相对于文字，数字更难被记忆，数字记忆训练得好，能为后面的文字记忆训练打下坚实的基础。

2.数字训练过程中，需要集中注意力，一旦错看、漏看，将意味着从头再来，这样不断地训练，从而提升专注力。

3.锻炼我们的耐心和坚持的能力，训练都是循序渐进的，坚持才能产生效果。比之天赋，更重要的是对学习坚持的态度和方法。

数字记忆法训练要求

1.保持环境安静没有干扰。

2.用整块时间训练，训练时手机要静音。

3.每天坚持训练，并保持放松的心态。

数字记忆法结合联想故事法记数字

　　数字记忆法结合联想故事法（以下简称数字联想故事法）就是把无规律的数字（信息）进行编码出图和联想，让图像按顺序通过动作或空间关系依次建立联系，通过联想一段故事让彼此相连。在数字编码出图时，每两位数字出一个编码，让编码两两相连，创建记忆线索，形成一条连续不断的记忆链，从而达到记忆和提取信息的目的。

　　我们来看一看以下一长串无规律的数字：

> 0 3 9 0 6 4 4 8 4 0 0 4 3 1 2 4 7 1 7 5

　　是不是感觉毫无头绪，不知道该怎么记忆？在本书开篇进行记忆测试时，大家看到长串无规律的数字时，是不是也是这种体验？接下来，我们用数字联想故事法来记忆，感受它强大的力量。

例7：利用数字联想故事法记忆下面20位数字。

> 0 3 9 0 6 4 4 8 4 0 0 4 3 1 2 4 7 1 7 5

记忆思路：数字出画面之后串联成故事进行记忆。

记忆步骤：

第一步: 理解。看到数字直接出编码画面，为了按照一定的顺序，每一个数字编码都有主被动动作，注意前后顺序依次进行串联。

第二步：**找关键词。** 03，90，64，48，40，04，31，24，71，75。

第三步：**转换出图。** 每两个数字为一个数字编码，看见数字，脑子里要呈现数字编码的画面。

凳子（03）　酒瓶（90）　螺丝（64）　石板（48）　司令（40）

轿车（04）　鲨鱼（31）　闹钟（24）　鸡翼（71）　西服（75）

第四步：**联结记忆。**

凳子压着酒瓶，酒瓶砸在了螺丝上，螺丝拧在石板上，石板把司令砸伤，司令拿石板压在轿车上，轿车撞鲨鱼留下 4 个圈，鲨鱼将尾巴插在闹钟上，闹钟拍鸡翼，鸡翼插在西服上留下很多油。

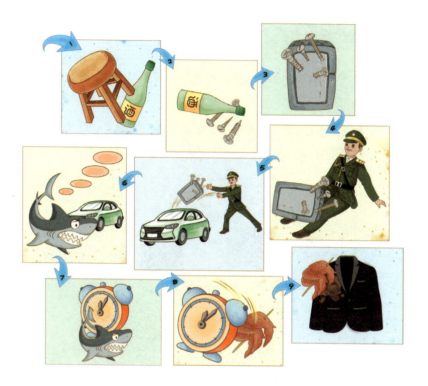

　　在记忆的过程中，我们一定要对第一个图像的记忆倍加重视，记住了第一个图像，才能更顺利地想起后边的信息。在联想的时候，注意力放在两个图像连接的动作上，动作可以尽量夸张。例如，03、90——看见03转换凳子的画面，90转换酒瓶的画面；03的主动动作是拿着凳子压；联结记忆后的图像为凳子压酒瓶……以此类推进行接下来的记忆。

　　可以理解为A连B，B连C形成一条紧紧串联的锁链。在回忆的时候通过联结时的动作对数字进行还原。

记忆宫殿法记忆数字

面对大于 20 位数字的数字记忆内容，我们可以使用记忆宫殿进行记忆。

记忆宫殿法：建立有序的定位系统，然后把需要记忆的数字分别与定位系统联系，建立线索，从而达到记忆和提取的目的。

①门   ②黑板   ③投影   ④讲台   ⑤电脑
⑥空调   ⑦窗   ⑧窗帘   ⑨椅子   ⑩课桌

例8：利用记忆宫殿法记忆以下 40 位数字。

3 8 1 4 0 1 5 8 1 8 8 2 2 5 9 5 2 2 6 3
1 1 0 5 4 7 1 7 0 9 6 0 0 2 8 3 1 2 3 0

记忆思路： 用地点桩记忆随机的数字，一个地点桩记忆四个数字。

记忆步骤：

第一步：理解。 记忆宫殿法记忆数字需要先把数字进行出图和联结，两个编码联结之后放在一个地点桩上进行记忆。

第二步：找关键词。 38，14，01，58，18，82，25，95，22，63，11，05，47，17，09，60，02，83，12，30。

妇女（38）　钥匙（14）　小树（01）　尾巴（58）　糖葫芦（18）

靶儿（82）　二胡（25）　酒壶（95）　双胞胎（22）　流沙（63）

梯子（11）　手套（05）　司机（47）　仪器（17）　猫（09）

榴梿（60）　铃儿（02）　芭蕉扇（83）　椅儿（12）　三轮车（30）

第三步：转换出图。 妇女（38）拿着钥匙（14），小树（01）打尾巴（58）落下树叶，糖葫芦（18）粘在靶儿（82）上，二胡（25）

的弦拉酒壶（95），双胞胎（22）两边拉着流沙（63），梯子（11）倒了砸中手套（05），司机（47）用方向盘插在仪器（17）上拧了90度，猫（09）爪子挠榴梿（60），铃儿（02）摇出了芭蕉扇（83），椅儿（12）压在三轮车（30）上。

第四步：联结记忆。

1. 门——妇女拿着钥匙开了门；

2. 黑板——小树抽打黑板上的尾巴；

3. 投影——糖葫芦把靶儿粘在投影上；

4. 讲台——二胡的弦拉讲台上的酒壶；

5. 电脑——双胞胎从两边把电脑里的流沙拉出来；

6. 空调——梯子倒了压住空调上的手套；

7. 窗——方向盘插进窗台上的仪器顺时针拧了90度；

8. 窗帘——猫爪子抓下窗帘上粘着的榴梿；

9. 椅子——坐在椅子上手摇铃儿摇出了一把芭蕉扇；

10. 课桌——椅儿压住了桌子上的三轮车。

默写刚才记忆的数字：_____

使用记忆宫殿和数字联想故事法记忆数字的步骤略有不同。记忆宫殿需要 4 个数字，也就是两个编码为一组进行出图联结，一组放在一个地点桩上。例 8 是为了让大家更好地理解，实际记忆的过程中，我们直接进行的是第四步联结记忆——看到数字的同时直接将每四位数出图联结放到地点桩上，下四位数放到第二个地点桩，以此类推。

为了更好地完善数字专注力的训练，我们可以将数字记忆训练分为三步，分别是：

第一步：读数

看到随机数字，然后脑海中出每两个数字对应的清晰的编码图像。

第二步：联结

读数后，将编码进行两两联结训练。

第三步：记忆数字

数字联想故事法；记忆宫殿法。

数字记忆是记忆的基本功，读数、联结和记忆数字三个步骤的训练各有侧重，读数可以帮助我们练习数字的出图和转换能力；联结可以训练我们的串联力和想象力；记忆数字可以锻炼我们联结记忆及记忆宫殿的运用能力。分步骤记忆训练能够帮我们逐一攻破记忆中掌握得不够好的技能。

这方面如果想要系统训练的话，可以扫码观看具体训练步骤。

综上所述，数字记忆就是把每一个数字转换成图片编码后再进行联想速记。熟练掌握 110 位数字编码是运用数字记忆法的前提。

数字记忆法的原理是，将含有数字的抽象信息，转换为形象生动的有画面的编码图像，再将每个编码进行串联。这种方法能够充分发挥右脑的想象力和创造力，使我们记得更加牢固。

20 位以内的数字可以使用数字联想故事法和记忆宫殿法；20 位以上的无规律数字，建议使用记忆宫殿进行速记。训练前期在出图时可能会习惯于先出编码图片对应的文字，然后再回想起编码图像。针对这种情况需要多多熟悉数字编码表，对于不熟悉的数字编码可以做一个标记，重点去重复观察这些编码的细节。

"菲常"练习

练习1 使用学过的方法记忆以下数字

世界上最长的人工运河是京杭大运河，全长约 1794 千米。

写出你的记忆步骤或直接默写 _____

_____

练习2 使用学过的方法记忆以下数字信息

2 3 4 6 5 1 5 2 2 9

写出你的记忆步骤或直接默写 _____

_____

_____

练习3 记忆以下会议时间

2021 年 09 月 16 日 14:30

写出你的记忆步骤或直接默写 _____

_____

_____

练习 4   **用数字记忆法按顺序记忆以下购物清单**

> 西瓜 香蕉 手机支架 插座 漱口水 饼干 书包 水杯

写出你的记忆步骤或直接默写 _____

_____

_____

练习 5   **用数字联想故事法记忆下面 20 位数字**

> 3 5 1 4 8 9 7 9 8 4 6 6 4 5 4 7 9 0 1 0

写出你的记忆步骤或直接默写 _____

_____

_____

练习 6   **用记忆宫殿法快速记忆下列数字（40 位）**

> 5 2 8 3 0 9 2 6 1 8 9 0 2 6 3 7 8 2 9 0
>
> 1 9 2 8 3 7 8 2 8 3 4 1 7 1 5 2 9 3 9 8

默写 _____

_____

_____

总结反馈：_____

_____

_____

数字记忆法之"菲常"解惑

Q1 **数字记忆法的用途有哪些？**

数字记忆法适用于记如下信息：

（1）记忆学科知识，如地理、历史等学科知识或考试中的数字信息。

（2）速记生活中的信息，如生日、账号、密码等。

（3）可以作为记忆宫殿速记购物清单或整书记忆。

（4）可以作为训练大脑的记忆工具，快速提升专注力、想象力和创造力。

Q2 **如何运用数字记忆法记忆？**

（1）熟记数字编码，看到任何一个数字都可以快速出图。

（2）根据自身的联想喜好，把知识点中的数据信息和中文信息分别出图后联想速记。

（3）在记忆的过程中一定要遵循记忆中的出图和联结原则，要清晰、具体，尽量让相关内容生动、夸张、关己，创建回忆线索后才能更好回忆。

（4）数字编码要固定，一定要有特点。在进行学科知识速记的时候，最好拿笔记录下联结过程，以便后期复习，方便进行回忆。数字训练是整个记忆学习体系最重要的一块内容，可以说是训练最强大脑的基本功，基础打得牢，能力才能快速提升。

第十一章　思维导图法

知识要点

- 思维导图的应用及四要素。
- 知识内容分类的 BOIS 原则。
- 思维导图的绘制步骤。
- 思维导图的绘图技巧。

　　根据前面的章节我们了解到，很多文字内容看起来枯燥乏味，如果我们把它们转换成一两个图形，就可以一目了然，大脑对图像信息的接收和存储会更容易且印象深刻。图像可以更好地表达意思，且易懂、易记，将复杂的知识转换成图像，可以使学习更轻松，记忆更高效。

　　思维导图就是图片和文字结合的升级版，它由世界大脑先生、世界脑力锦标赛组委会主席托尼·博赞先生发明。思维导图是表达发散思维的图形思维工具，运用图文并重的技巧，把各级主题的关系用层级图表现出来，大大地提高了学习和记忆效率。

掌握这种工具，将为我们的学习、工作和生活提供强有力的帮助。

思维导图使我们的知识和思维结构更有整体感、更形象、更易懂、更易记。正是由于思维导图对于学习和工作的强大作用，所以许多大公司、学校、机构等都在推广和应用这种工具，如美国运通、苏黎世保险、瑞信、恒生银行、微软、戴尔、惠普、可口可乐、耐克、强生、辉瑞等世界知名企业，以及哈佛大学、牛津大学、新加坡国立大学、剑桥大学、伦敦政治经济学院、斯坦福大学等著名高校。

思维导图使用技巧

无论是学习、工作还是生活，思维导图都是一种能够极大地提升我们的效率和效能的工具。平时我们接收的信息中，只有 20% 是重要的，其余的 80% 均为次要的。通过思维导图，我们能够迅速抓住重点。如果在学习中我们很好地运用它，从理论上讲学习效率至少可以提升 4 倍。

无论是绘制书本知识的导图，还是课堂笔记导图、写作导图等，首先都要了解思维导图是如何一步步绘制的，以及思维导图的要素、绘制技法等。下面我将以一幅阅读笔记思维导图为例进行讲解。

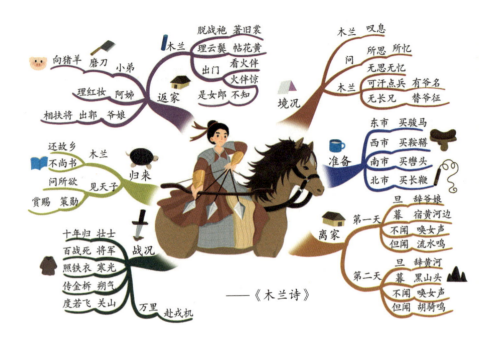

——《木兰诗》

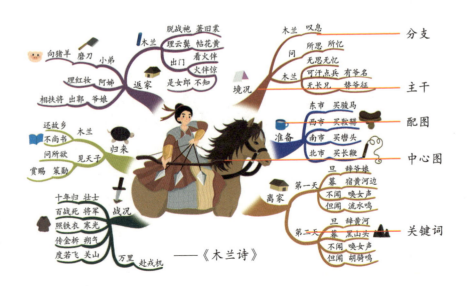

——《木兰诗》

思维导图构成四要素

图像：

指的是中心图及配图。中心图占整幅导图的 1/12—1/9，与中心主题相关。配图即文字旁诠释文字的图像，是针对重点、难点知识绘制的增进学习者理解和记忆的简图。

线条：

画好中心图和写上主题后，开始绘制线条。线条包括主干线条和分支线条，主干绘制成由粗到细的牛角形状，分支绘制成平滑的弧线。第一个主干线条是从右上角 45° 左右开始，按照顺时针的次序往后画主干。并列关系的分支从一个点出发画上并列线条，主干上就是对绘制内容分的大类。主干和分支的个数一般不超过 7 条。

关键词：

每画一条线就写上文字，字在线上，不能先将所有线条画好再填文字，这样容易错漏，如果内容有增减会影响思维导图的布局。所有文字内容都控制在 4 个字以内，必须是归纳的重点关键词。（如何选取关键词参考第五章。）

颜色：

在绘制的过程中，要注意选取高纯度、高饱和度的颜色，也要注意冷暖关系，画面越是鲜明，就越有利于我们的大脑吸收知识。主干和分支线条的颜色要统一，不同大分支用不同的颜色，中心图的颜色要丰富一些，最好在 3 个颜色以上。

知识内容分类的 BOIS 原则

BOIS 全称 Basic Ordering Ideas（基本分类理念），也叫分类阶层化，就是把复杂广泛的信息按照类别、结构、层次的逻辑进行层层梳理，让整体信息的内在逻辑和推理顺序一目了然，最后达到分类的效果，让整体信息更有条理。

根据 BOIS 原则绘制的思维导图运用阶层的结构展示了事物的本义和延伸义。本义就是事物归属的种类，延伸义就是根据事物本义延伸出来的种类。

延伸义是对本义的**诠释**，本义是对延伸义的**总结**。

这种分类具有如下优势：

（1）一种事物和另一种事物类似时，往往会从这一事物引起对另一事物的联想。

（2）把同类型事物联结起来，内容更加具有框架性。归类记忆的记忆效果更好。

例1：尝试把下面的信息分类。

> 玫瑰　太阳　桌子　天空　篱笆　月亮　水池　流星　礁石　贝壳
>
> 房子　大树　轮船　床　海洋　窗口　白云　章鱼　花园　椅子

通过两次整理，上述信息已梳理得很清晰，一目了然。所以只要把信息处理好，哪怕是死记硬背都可以实现快速记忆。

例2：尝试把下面《"菲常"记忆》的信息分类。

> 菲常记忆　线条　绘图法　中心图　思维导图　颜色　联想法
>
> 记忆宫殿　数字法　形象词　直接出图　抽象词　替换　谐音
>
> 增减倒字　关键词　望文生义　数字信息　数字记忆宫殿
>
> 10个/组　自身熟悉　地点桩　放桩　故事情景法　故事逻辑法
>
> 字头歌诀　主讲　卢菲菲　世界记忆大师　记忆法推广者

思维导图的绘制步骤

了解了导图构成的基本信息，接下来就可以开始绘制思维导图。下面我以例2中的《"菲常"记忆》内容分类为例，讲解思维导图的制作步骤及技法。

制作工具： A4白纸、12色水彩笔、铅笔、橡皮、签字笔、几支不同颜色的荧光笔。

第一步：在纸张的中心绘制主题图。

原则：（1）单色；（2）和主题有关；（3）图文结合；（4）纸张的中心。

第二步：画主干，加标题。

原则：（1）7条以内；（2）加标题；（3）线条流畅。

第三步：针对每一个小标题，通过分支线加上要点和支持性的细节。

原则：（1）讲究层次。（2）主要内容：关键词。（3）线条：a.线线相连；b.线长＝词长；c.内粗外细；d.波浪曲线；e.同色；f.外围线：适当。（4）布局：平衡、合理。（5）利用颜色、箭头、感官、符号、数字等个人技法进一步完善细节。

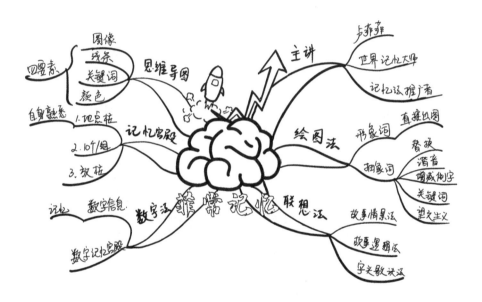

第四步：增添更多图像，突出重点，使记忆深刻。

原则：（1）简洁，突出重点；（2）绘制清晰。

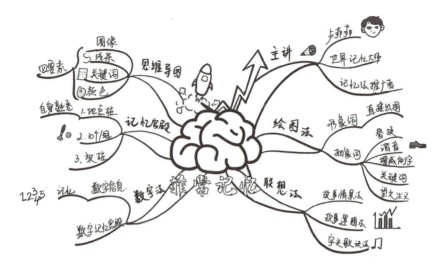

第五步：着色，不同分支不同颜色，色彩对比鲜明。

原则：（1）色彩对比鲜明；（2）颜色亮丽清新。

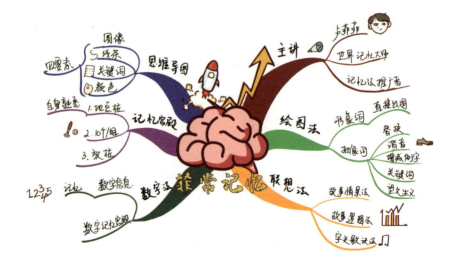

了解了思维导图的绘制步骤和注意事项后，接下来，我们一起分析下列思维导图的不妥之处。

点评：整幅思维导图的布局均衡，主要的问题在于线条。首先，主干的线条应该是由粗到细的牛角形状，分支的线条应该是平滑的弧线。线条不好会影响整体的布局和效果。还有，字不要压在线上，主干和分支的线条的颜色要统一。

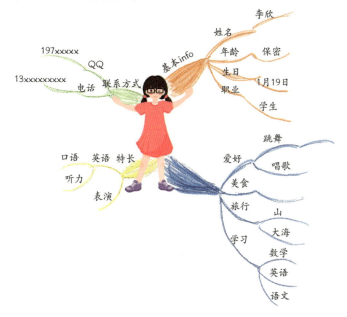

点评： 整幅思维导图的色彩尚可，右下角"旅行"及"学习"类的分支线条绘制基本合格。其主要问题是布局左右不均衡。注意检查线条的多少，以及是否有缺少文字的现象。

点评： 整幅思维导图的主要问题在于绘制时颜色不够鲜明，绘制的过程中可以把颜色画鲜艳一些，颜色问题会影响整体的区分度。还需要注意的是线条要线线相连，以及右下方"爱好"中的逻辑层次问题。

掌握了思维导图的绘制方法还能提升阅读能力，可以把看过的书整理成思维导图，便于构建自己的知识体系，让知识具有整体框架，也利于后期查阅和复习。

学员作品展示

掌握思维导图的基本绘制方法才能去创作自己的思维导图，并运用到自己的生活、学习和工作中，升级我们的记忆力。思维导图将知识信息以网络图画形式归类构建，以逻辑层次更分明的方式来陈列信息，可以让我们把要记忆的内容更长久地存储，锻炼我们的逻辑能力，让思路更加清晰。

在生活中，它可以让我们在说话、做事时更加具有逻辑，辅助我们制订计划，对问题做出客观理性的分析。

下面给大家整理了一些学员制作的思维导图模板，供大家参考。

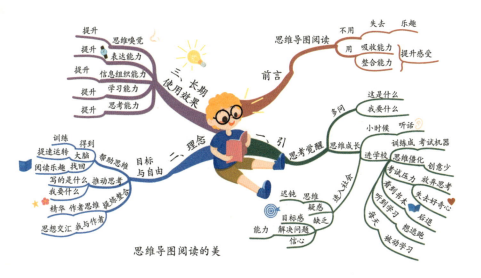

思维导图阅读的美

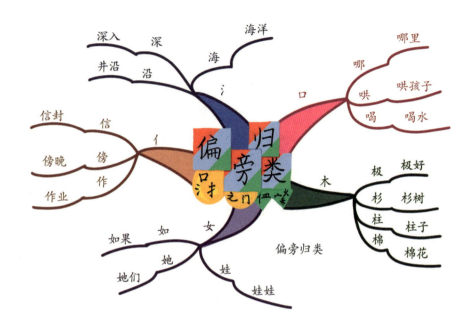

偏旁归类

圣诞节

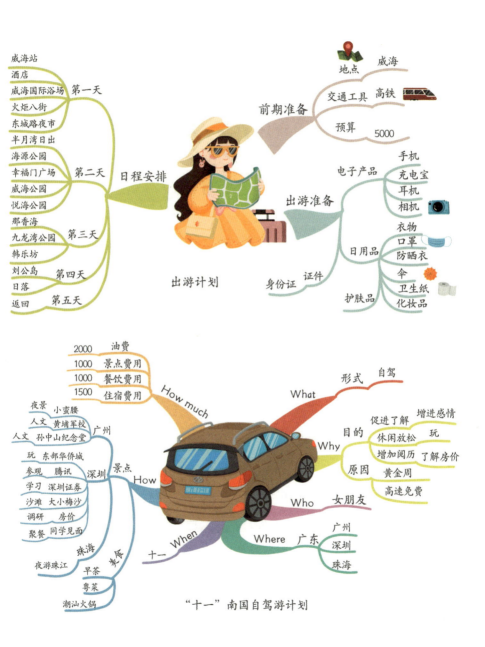

威海站
酒店
威海国际浴场 ── 第一天
火炬八街
东城路夜市
半月湾日出
海源公园
幸福门广场 ── 第二天 ── 日程安排
威海公园
悦海公园
那香海
九龙湾公园 ── 第三天
韩乐坊
刘公岛 ── 第四天
日落
返回 ── 第五天

地点 ── 威海
交通工具 ── 高铁 ── 前期准备
预算 ── 5000

手机
电子产品 ── 充电宝
耳机
相机
出游准备
衣物
口罩
日用品 ── 防晒衣
伞
卫生纸
护肤品 ── 化妆品

身份证 ── 证件

出游计划

2000 ── 油费
1000 ── 景点费用
1000 ── 餐饮费用 ── How much
1500 ── 住宿费用

形式 ── 自驾 ── What

夜景 ── 小蛮腰
人文 ── 黄埔军校 ── 广州
人文 ── 孙中山纪念堂
玩 ── 东部华侨城
参观 ── 腾讯 ── 深圳 ── 景点 ── How
学习 ── 深圳证券
沙滩 ── 大小梅沙
调研 ── 房价
聚餐 ── 同学见面

增进感情
促进了解 ── 玩
休闲放松 ── 目的 ── 了解房价 ── Why
增加阅历
原因 ── 黄金周
高速免费

Who ── 女朋友

珠海 ── 美食
夜游珠江 ── 早茶
粤菜
潮汕火锅

十一 ── When

Where ── 广东 ── 广州
深圳
珠海

"十一"南国自驾游计划

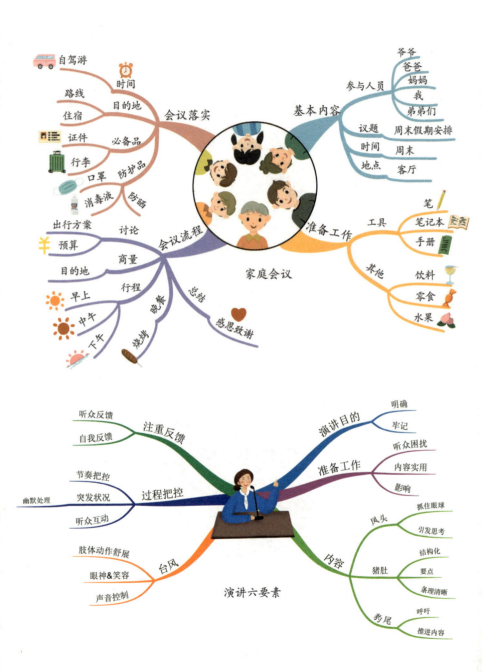

自驾游
路线
住宿
证件
行李
口罩
消毒液
出行方案
预算
目的地
早上
中午
下午
时间
目的地
必备品
防护品
防晒
讨论
商量
行程
晚餐
烧烤
总结
感恩致谢

会议落实
会议流程
家庭会议

基本内容
参与人员
爷爷
爸爸
妈妈
我
弟弟们
议题
周末假期安排
时间
周末
地点
客厅

准备工作
工具
笔
笔记本
手册
其他
饮料
零食
水果

听众反馈
自我反馈
注重反馈

节奏把控
突发状况
听众互动
幽默处理
过程把控

肢体动作舒展
眼神&笑容
声音控制
台风

演讲目的
明确
牢记

准备工作
听众困扰
内容实用
影响

内容
凤头
抓住眼球
引发思考
猪肚
结构化
要点
条理清晰
豹尾
呼吁
推进内容

演讲六要素

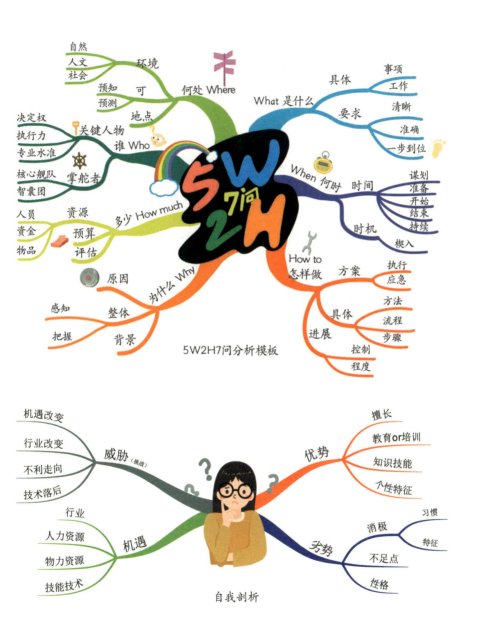

自然
人文
社会
环境
何处 Where

具体
事项
工作
What 是什么
要求
清晰
准确
一步到位

预知
预测
可
地点
谁 Who

决定权
执行力
专业水准
关键人物

核心舰队
智囊团
掌舵者

When 何时
时间
谋划
准备
开始
结束
持续
时机
楔入

人员
资金
物品
资源
预算
评估
多少 How much

原因
为什么 Why

感知
把握
整体
背景

How to
怎样做
方案
执行
应急
方法
具体
流程
步骤
进展
控制
程度

5W2H7问分析模板

机遇改变
行业改变
不利走向
技术落后
威胁（挑战）

擅长
教育or培训
优势
知识技能
个性特征

行业
人力资源
物力资源
技能技术
机遇

消极
习惯
特征
劣势
不足点
性格

自我剖析

总结：

（1）绘制思维导图可以让我们建立系统化的思维模式。我们在学习的过程中，绘制思维导图会帮助我们建立知识体系，而不只是记忆一些零星的碎片知识；在生活中会让生活更加有条理，还可以打开我们的思路。

（2）思维导图绘制过程中要按照绘制的原则进行绘制，让绘制过程更加规范，让思维导图的视觉效果以及大脑的吸收效果更佳。尤其注意要标注关键词。

（3）绘制前，在文字阅读过程中，要对字、词、句、段落进行充分的理解。观察文章或书的整体结构。

（4）绘制完成后要对思维导图进行细致的检查。要检查线条上是否缺少关键词，而且要检查自己对思维导图的复述情况，当局部不能复述时，思考关键词是否选取准确。

思维导图法之"菲常"解惑

Q1　没有绘画基础，图像绘制不好怎么办？

绘制不好的原因主要是练习得比较少，对线条和图像缺少把控能力，而且缺少自信。画得好与不好不重要，重要的是行动，要坚持去绘制。只要自己可以看懂，能帮助我们梳理一些知识，就是一幅好的思维导图。

Q2　开始学习思维导图的时候，可以用软件绘制吗？

通过软件绘制思维导图，虽然可以梳理我们大脑中的知识或者知识脉络，也能在一定程度上刺激我们的大脑，促进我们进行记忆，但手绘在大脑中呈现的效果会更加清晰，且能锻炼我们的动手、联想及想象的能力，让我们的记忆更加深刻。软件是后期的辅助工具，想要把思维导图学好，手绘是必不可少的一项技能。手绘思维导图不仅能训练我们思维导图绘制的技巧和速度，更能训练我们的思维，建议大家前期先以手绘思维导图进行有目的的练习。

Q3　**我已经绘制过一些思维导图了，但是每张思维导图都要花很长时间，这种现象正常吗？**

在前期的绘制过程中耗时比较长，从一个侧面来看是非常棒的，说明前期你观察、思考的时间比较多，这有利于后期你思维的形成，并能促进大脑神经元的生长，而新的神经元的生长，有利于改善你的记忆。

当我们绘制了 30 张左右的思维导图后，就要控制时间了，一般每张思维导图的绘制时间控制在 30 ~ 40 分钟。注意，如果前期绘制得比较慢，不用焦躁，一定要坚持，习惯是不断养成的。万事开头难，这是我们的成长过程。

Q4　**写了关键词却记不住，怎么办？**

一般来说，关键词占整篇文章或者整本书内容的 20% 左右，它们可以让我们大大减轻学习记忆的负担。当我们书写关键词的时候，大脑中会自动呈现出画面，对文章产生熟悉感。

在复习的过程中，用关键词呈现内容，也是一种自检行为。这种自检行为让我们在大脑中高度加深对知识点的印象，这个环节是非常必要的。如果经过多次复习，发现对个别关键词的内容回忆不起来，就要检查关键词的准确性，或者添加关键词。

4

运用记忆法，
快速提升学习效率

纸上得来终觉浅，绝知此事要躬行。都说实践出真招，前面学了那么多好的方法，今天让我们一起尝试在不同的学习场景中如何通过所学方法快速有效记忆。

第十二章 单词速记：
三大维度 + 五大方法

知识要点

- 了解单词记忆的原理。
- 掌握右脑速记单词的思维。
- 掌握单词记忆的三大维度及五大方法。
- 掌握"'五一'黄金复习法"。

单词记忆的原理

为何单词记不住

1. 不懂英语单词的构词原理

　　一个单词为什么要用这几个字母？为什么是这个意思？出于什么样的"造字机理"？很少有书能将其讲清讲透，因此中国人面对单词时，就像面对一串串密码，没有可靠的解义线索和记忆线索，大部分靠死记硬背，即使背下来了，也同样疑惑重重。

2. 汉语是表意系统，英语是表音系统

每个人都有学会任何一种语言的能力，但学习语言是有最佳时期的，年龄越小学习语言越容易。所以通常人类学习母语有得天独厚的优势，并且在学习母语的过程中，大脑的思维能力也会同步成长。就好比给大脑安装了语言软件，只不过母语是汉语的人安装了表意系统的软件，母语是英语的人安装了表音系统的软件。因为这两种语言有很大的差异，所以会出现不兼容的情况。

英语单词背后的秘密

在学习英语之前，先问自己几个问题："单词"和"汉字"分别是怎么回事，可以一样理解吗？英语单词有什么样的特征？英语的起源虽然很复杂，但它其实具备一些基本规律，如词源规律、"偏旁部首"（词根、前后缀）、音变规律等。掌握了这些规律，就能达到事半功倍的效果。

1. 隐藏在词源里的秘密

要想学好一门语言，必须了解这种语言所承载的文化，了解语言背后的文化积淀。所以，了解词源不仅仅是记忆单词！例如，英语单词 alt（中高音），来源于拉丁文 altus，后者的意思就是"高处"，由此引申而来的单词有 altar（祭坛，祭坛一般高于平地）、exalt（晋升、赞扬）、altitude（海拔、高度）等。在著名的特洛伊战争中，希腊联军的统帅阿伽门农为了取得胜利，不得不把女儿伊菲革涅亚送上了 altar（祭坛），以此平息阿耳忒弥斯的愤怒。

2. 单词的"偏旁部首"

在 20000 个英语单词里，常见的词根只有 400 多个，几乎囊括了 80% 的单词。词根不仅是一个单词的核心，同时也是一组单词的共同核心，它包含这组单词共同的基本意义。所以，词根最大的特点就是衍生能力很强。例如"prologue"（前言）、"monolog"（独白）、"epilog"（结语）、"travelog"（旅行纪录片）、"dialog"（对话）、"apology"（道歉）等单词中，有一个共同的核心"log"（语言），"log"就是这组单词共有的词根，因此这组词的意义都与"语言"有关。由此可见，掌握适量的词根对快速扩充词汇量起着至关重要的作用。

3. 词根与词缀如何构词

一个词根构成的单词：fact（做）——fact（事实）。

词根 + 词根构成的单词：manu（手）+script（写）——manuscript（手稿）。

词根 + 词缀构成的单词：govern（管理）+ment（后缀）——government（政府）。

加前缀：im（向内、入）+port（运）——import（进口）。

加后缀：equ（相等）+ate（使）——equate（使相等）。

同时加前、后缀：pro（向前）+gress（步）+ive（……的）——progressive（进步的）。

多重词根、词缀：in（不）+co（合）+her（黏）+ent（……的）——incoherent（分散的）。

右脑速记单词的思维

　　英语单词记忆是有方法可循的。很多人觉得直接用音标或自然拼读记忆单词更快、更准确，这些当然是记忆单词很好的方法，但如果你不太擅长这些方法，也不要纠结，我们可以给自己多一些单词记忆的工具。我们可以将速记单词的要义概括为"一种思想，二度思维"：

　　一种思想就是看到这个单词首先不要死记硬背，要调动右脑去理解这个单词表达的意思，想象出中文的画面。

　　二度思维就是把这个单词形象化处理，找到里面熟悉的单词将其转换成画面后再做联想记忆。

右脑单词记忆四大步骤

1. 正确发音（读 3 遍）。

2. 观察分析（找熟词）。

3. 选择方法：找到熟词后，剩余部分选用拼音、编码或谐音法等，串联记忆。

4. 核对还原、复习记忆。

以下列单词为例：

competent [ˈkɑːmpɪtənt] 有能力的；能胜任的

（1）正确发音 3 遍：competent [ˈkɑːmpɪtənt]。

（2）观察分析（找熟词）：com 来（熟词）+ pet 宠物（熟词）。

（3）选择方法：熟词法 + 拼音法。

com 来（熟词）+ pet 宠物（熟词）+ e 鹅（拼音）+ nt（拼音）

联想：她很有能力，可以来教宠物鹅做难题。

（4）核对还原、复习记忆。

记忆完后尝试汉译英或者英译汉，查漏补缺，有遗漏的地方多加深联想记忆。

注意，根据需求记忆单词，如果只需要认知就认识即可，如果需要翻译拼写就需要加深记忆和增加复习次数。

单词记忆的三大维度

音 从发音的层面去记忆，如谐音法、拼音法。

义 从含义或逻辑的层面去记忆，如字母编码法、熟词法。

形 从外形的层面去记忆，如象形法。

单词记忆的五大方法

谐音法（音）

　　运用我们的想象力在英语单词的发音和汉语之间强行建立一定的联系，这样只要听到发音就会立刻想到汉语意思，这种方法被称为谐音法。

例1：谐音法记忆英文单词。

　　bank　[bæŋk]　银行

　　谐音："办卡。"

　　联想：要办卡，找银行。

　　记忆思路：熟读单词后可发现该词发音近似中文的"办卡"，而单词的中文释义是"银行"。故将单词的谐音"办卡"，与其中文释义"银行"相结合，进行出图联结记忆。联想到要办卡，找银行。

　　方法特点：谐音法是从单词的发音入手，侧重点是以单词原本的发音去记忆。

　　注意事项：谐音法能很好地记住单词的发音和释义，却往往无法兼顾单词的拼写。

拼音法（音）

　　有些单词的字母组合跟汉语拼音是一样的，利用我们前面所讲的用熟悉记陌生的原则，把这些字母组合转化成我们更熟悉的拼音来巧记单词的方法，被称为拼音法。

例2：拼音法记忆英文单词。

> long   [lɔːŋ]   长的

处理： long 龙（拼音）。

联想： 龙很长。

记忆思路： 观察单词的拼写后，可发现该词的字母组合正好是汉语拼音的"long（龙）"，故将字母拼音化的"龙"，与其中文释义"长的"相结合，进行出图，联想到一条长龙来联结记忆。

方法特点： 区别于谐音法，拼音法是从拼写的角度出发，将单词的字母用拼音的方式去拆解拼读，再和单词联结记忆，着重于单词的拼写。

注意事项： 运用拼音法可帮助记忆单词的拼写，但单词含义往往不同，需单独记忆。

字母编码法（义）

对单词里面的字母或字母组合进行编码，然后通过联想的方式来进行记忆，这种方法叫字母编码法。字母编码法可单独使用，也可以和其他方法结合使用。

字母	出图	字母	出图	字母	出图
A a		J j		S s	
B b		K k		T t	
C c		L l		U u	
D d		M m		V v	
E e		N n		W w	
F f		O o		X x	
G g		P p		Y y	
H h		Q q		Z z	
I i		R r			

字母组合	编码	出图	字母组合	编码	出图
dr	敌人		oo	眼镜	
ee	眼睛		pr	仆人	
er	耳		wh	武汉	
et	外星人		pl	漂亮	
ff	夫妇		gr	工人	
tion	心		ab	阿爸	
sion	神		ble	伯乐	
fl	福利		mini	迷你裙	
ment	门徒		kx	开心	
ly	老爷		ck	刺客	
lish	历史		st	石头	
list	名单		ap	阿婆	
ic	IC卡		imi	蛋糕（形）	
ive	夏威夷		ili	吊灯（形）	
ar	爱人		fi	飞	

以下是采用字母编码法来记忆单词。

例 3：用字母编码法记忆单词。

> plane   [pleɪn]   飞机

编码： pl 漂亮 + an 一个 + e 鹅。

联想： 挺漂亮的一只鹅在开飞机。

记忆思路： 观察单词的拼写，发现该词可通过字母编码及字母组合编码进行拆解，pl 漂亮 + an 一个 + e 鹅，将拆解后的字母编码，与其中文释义"飞机"相结合，进行出图联结记忆。联想到挺漂亮的一只鹅在开飞机。

方法特点： 字母编码和字母组合编码是通过拼音、谐音、象形等方法对字母及其组合所进行的编码。适用范围极广，几乎所有单词均可通过此方法进行拆解。

注意事项： 想要运用字母编码法首先需要熟记 26 个英文字母编码和字母组合编码。在实战记忆中，字母组合编码可以根据自己的需求进行调整或发挥，并加以扩充。

熟词法（义）

仔细观察不难发现，英语中很多单词里面会有我们所熟悉的部分。从中找到我们所熟悉的单词，然后再通过联想来记忆单词的方法叫熟词法。

例 4：用熟词法记忆单词。

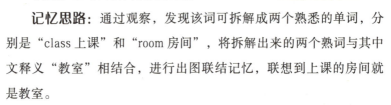

classroom   [ˈklæsruːm]   教室

处理： class 上课 + room 房间。

联想： 上课的房间就是教室。

记忆思路： 通过观察，发现该词可拆解成两个熟悉的单词，分别是"class 上课"和"room 房间"，将拆解出来的两个熟词与其中文释义"教室"相结合，进行出图联结记忆，联想到上课的房间就是教室。

方法特点： 以熟记新的熟词法不仅可以巧妙地记忆单词，更是对我们已知单词的复习回顾。随着单词量的不断积累，采用这种方法记忆单词会越发轻松简单。

注意事项： 拆解单词时，可以拆解成几个熟悉的单词，也可以拆解成熟词加上字母编码、字母组合编码及词根词缀的形式。

象形法（形）

象形法是指一个单词看起来像某个熟悉的形象，或者单词里的某一个或某几个字母可以看成某种形象，将单词转化成我们熟悉且易接受的形象再加以联想出图记忆的一种方法。

例 5：用象形法记忆单词。

> eye　[aɪ]　眼睛

成像：e 眼睛（象形）+ y 鼻子（象形）+ e 眼睛（象形）。

联想：鼻子两边是眼睛。

记忆思路：通过观察单词的整体外形，会发现该词正好形似人体五官的眼和鼻。

e 眼睛（象形）+ y 鼻子（象形）+ e 眼睛（象形）。

将处理后的形象与其中文释义"眼睛"相结合，进行出图联结记忆，联想到鼻子两边是眼睛。

方法特点：象形法是通过观察单词中的字母或单词整体外在的"形"，进而去联想的一种方法。

注意事项：它既可以是全部象形，也可以是部分象形，在单词实战记忆中要灵活处理。

五大方法综合运用

以上是单词记忆的三大维度及五大方法，在实际运用的过程中，它们往往不是孤立的，而是以一种相互交织穿插的方式存在，互补互足。而同一个单词，也有多种记忆方法。只有真正地融会贯通、灵活驾驭这些方法，才能让单词记忆变得轻松简单。

例 6：单词记忆法的综合运用。

> bathroom   ['bɑ:θrʊm]   浴室

方法一：直接用熟词法将单词拆解成两部分记忆。

bath 洗澡（熟词 bathe）+ room 房间（熟词）。

联想记忆：洗澡的房间就是浴室。

方法二：运用字母编码、拼音加上熟词法进行处理记忆。

ba 爸（拼音）+th 土豪（拼音）+room 房间（熟词）。

联想记忆：爸爸和土豪洗澡的房间是浴室。

方法三：用拼音加象形的方式将单词拆解记忆。

ba 爸（拼音）+th 土豪（拼音）+r 草（象形）+oo 望远镜（象形）+ m 麦当劳（象形）。

联想记忆：爸爸和土豪在草丛旁用望远镜看远处的麦当劳。

方法四：谐音法联想记忆。

将单词发音和释义相结合，"84 乳（谐音）沐浴（浴室）"。

联想记忆：用 84 消毒乳液沐浴。

"五一"黄金复习法

我们大多数人在记忆完后就会觉得任务完成了，但事实上，最为重要的一步还未进行，这也是最常被忽略的一步，那就是复习！

人们花大量的时间、精力在记忆知识内容上，却鲜少有人会注重复习。然而，复习却是记忆至关重要的一环，它是将短时记忆转化为长时记忆的关键！

遗忘的进程并非均衡的,但是有规律的。记忆过的事物,遗忘速度最快的区段是 20 分钟、1 小时、24 小时,分别遗忘 42%、56%、66%;2—31 天遗忘率稳定在 72%—79%。也就是说,在记忆的最初阶段遗忘的速度会很快,遗忘量也最多;接着遗忘速度就会逐渐减慢,遗忘量也随之减少,即符合"先快后慢""先多后少"的原则,并且到了一定的程度后就不再遗忘了。

"五一"黄金复习法是基于遗忘规律所创设出来的科学有效的复习方法。"五一",顾名思义,由五个"一"组成,分别是 1 小时、1 天、1 周、1 个月、1 个季度,在这几个时间点去进行间隔式复习。

"五一"黄金复习法

复习次数	复习时间
第一次	1 小时后
第二次	1 天后
第三次	1 周后
第四次	1 个月后
第五次	1 个季度后

运用"'五一'黄金复习法",将已经经过处理记忆的知识信息进行科学有效的复习,才能使之在脑海中留存得更久。

本章所讲的单词记忆法,实际是联想法加绘图法的综合运用,本质还是文字转换成画面进行联结记忆。

在单词的实际记忆过程中,往往是多种方法综合运用,每个人可以根据自己的习惯采取不同的方式方法来进行处理。

最后，一定要熟记字母编码表及字母组合编码表，灵活处理，有效连接，注意复习。

针对单词的记忆，我们独家研发了专门的单词记忆小程序《菲记单词》，覆盖了小学，初中，高中，大学四、六级，考研，雅思，托福等核心词汇的绘图记忆版本，帮助 40 余万名学员解决了单词记忆难的问题。如果你有单词记忆的需求，想要快速记忆大量词汇，欢迎体验我们的小程序，扫描右侧二维码，关注公众号：菲常记忆家族—菲记学员—菲记单词，即可获取。

"菲常"练习

练习 1　谐音法训练

soldier　[ˈsoʊldʒər]　士兵

参考处理：谐音"守着"。

联想记忆：士兵坚守着自己的阵地。

ambition　　[æm'bɪʃn]　雄心，野心

参考处理：谐音"俺必胜"。

联想记忆：有雄心的我坚信"俺必胜"！

solar　[ˈsoʊlər]　太阳的；太阳能

参考处理：谐音"熟了"。

联想记忆：太阳能把食物烤熟了。

ambulance　[ˈæmbjʊl(ə)ns]　救护车

参考处理：谐音"俺不能死"。

联想记忆：救护车来了，俺不能死。

复习   将下列单词与释义进行两两连线配对

> ambition   救护车
>
> solar   雄心，野心
>
> ambulance   士兵
>
> soldier   太阳能；太阳的

练习2   拼音法训练

> gang   [gæŋ]   一帮，一群，一伙

参考处理：gang 刚 / 缸（拼音）。

联想记忆：刚刚跑过去一群人 /

一伙人躲在缸里。

> chance   [tʃæns]   机会，可能性

参考处理：chan 缠（拼音）+

ce 厕所（拼音）。

联想记忆：缠绕在厕所里的

蛇在找机会逃脱。

bandage　　['bændɪdʒ]　　绷带

参考处理：ban 绊 + da 大 + ge 哥。
联想记忆：用绷带绊倒大哥。

change　　[tʃeɪndʒ]　　改变

参考处理：chang 嫦（拼音）+
e 娥（拼音）。
联想记忆：猪八戒为嫦娥做出
改变，去健身。

复习　将下列单词与释义进行两两连线配对

chance	绷带
gang	改变
bandage	一伙
change	机会，可能性

练习 3   熟词法训练

airport   [ˈerpɔːrt]   机场

参考处理：air 天空、航空 +
port 港口、口岸。

联想记忆：航空的口岸即机场。

box   [bɒks]   盒子；箱子

参考处理：bo（60）+ x 剪刀（象形）。

联想记忆：盒子里有 60 把剪刀。

wildlife   [ˈwaɪldlaɪf]   野生动植物

参考处理：wild 野生的 + life 生命。

联想记忆：野生的生命，就是野生动植物。

candidate　[ˈkændɪdət]　候选人

参考处理：can 能 +
did 做（过去式）+
ate 吃（过去式）。

联想记忆：总统候选人
过去既能做饭又能吃。

复习　将下列单词与释义进行两两连线配对

box	候选人
airport	盒子
wildlife	野生动植物
candidate	机场

练习4　综合记忆法训练

zoo　[zuː]　动物园

参考处理：z 鸭子（象形）+ oo 望远镜（象形）。

联想记忆：鸭子带着望远镜去动物园。

bed　[bed]　床

参考处理：b_d 像床两边的
床架，bed 整体看上去像一张床。

联想记忆：床上（b_d）睡了一只鹅（e）。

pretend　[prɪ'tend]　假装；装扮

参考处理：pr 仆人 + et 外星人 + end 终点。

联想记忆：假装成仆人的外星人跑到了终点。

weep ［wiːp］ 流泪

参考处理：w 水波（象形）+ ee 眼睛（象形）+ p 眼泪流下来。

联想记忆：眼泪涌出，顺着眼睛流下来。

复习 将下列单词与释义进行两两连线配对

weep	假扮；装扮
zoo	流泪
pretend	床
bed	动物园

单词速记之"菲常"解惑

Q1 **用拼音法记单词会不会忘记单词原本的发音？**

不会。首先，在记忆单词之前，我们应先对单词进行理解熟悉，包括发音和释义等，之后再进行记忆。其次，拼音法是将组成单词的某些字母运用拼音的方式处理记忆，只针对单词的拼写，而不针对发音，两者不是一个概念。

Q2 **不会单词处理怎么办？**

了解了单词记忆的方法之后，需要通过实操来掌握。多进行有效练习，就会水到渠成。这有一个过程，而过程的长短取决于我们的训练量。前期还不太熟练的时候，可以使用我们的《菲记单词》单词记忆小程序辅助，里面所有单词都已经用方法处理好并配了图，涵盖了从小学到大学，再到四、六级等各阶段需要记忆的单词。

Q3 **记单词时会联想，但还是记不住怎么办?**

这可能有很多原因，应从如下几点去分析：

（1）线索是否建立得足够好？

（2）有没有出图联结？

（3）出图够不够清晰？

（4）联结后是否有进行修正还原和复习？

（5）处理是否太过繁杂、不够精简？

以上这些因素都有可能导致我们记不住。找出问题所在，然后去改进，多练习、勤复习，就没问题。

第十三章 古文速记：
整书＋整篇记忆

知识要点

● 古文速记两大方法。
● 记忆宫殿法速记《弟子规》。
● 思维导图法速记《出师表》。
● 综合记忆《道德经》。

　　古诗词、文言文等国学经典的记忆和背诵一直是很多学生的短板。古人生活的年代离我们比较久远，说话的方式与现在有很大的不同，所以记忆难度较高。

　　掌握了正确的记忆方法，不仅背诵得更快，还可以保持长时记忆。接下来就让我们了解一些快速记忆古文的方法吧。

古文速记的两大方法

无论是短篇古诗词还是长篇的文言文、国学经典等，所运用的方法都大同小异。记忆这些信息时根据其长短、内容形式以及记忆目的的不同，可选用不同的记忆方法，一般情况下我们常用的是如下两种方法。

记忆宫殿法   思维导图法

接下来就用几个例子来说明不同类别的古文如何记忆。当然，方法因人而异，关键在于适合自己。

记忆宫殿法速记《弟子规》（片段）

《弟子规》原名《训蒙文》，作者李毓秀，其内容采用《论语》"学而篇"第六条的文义，列述弟子居家、出外、待人、接物与学习上应该恪守的守则规范。后经清代贾存仁修订改编，并改名为《弟子规》。共有360句、1080个字，三字一句，两句或四句连意，合辙押韵，朗朗上口；全篇先为"总叙"，然后分为"入则孝、出则悌、谨、信、泛爱众、亲仁、余力学文"7个部分。《弟子规》根据《论语》等经典，集孔孟等圣贤的道德教育之大成，为传统道德教育著作之纲领。

《弟子规》

记忆思路:

3—8 岁的小孩子建议选择诵读记忆的方法。

对于高龄段的孩子或者成年人来说,只要掌握了正确的方法,5个小时就可以把《弟子规》全部记下来,这就是学习记忆法的好处,而且通过复习,还可以做到正背、倒背如流。接下来,我就与大家分享一下速记《弟子规》的方法。

整体来说,通篇文段较简单,但内容较多,可以对应 110 位数字编码,用数字记忆宫殿进行记忆。

总叙:

01 弟子规,圣人训。首孝悌,次谨信。

02 泛爱众,而亲仁。有余力,则学文。

记忆方法:

先用记忆宫殿做定位,比如我们运用数字记忆宫殿 01(小树)、

02（铃儿）做定位。

　　然后把每两句话（如弟子规，圣人训）放到一个记忆宫殿里面，相当于每四句话和01、02做有效联结。当然，后期也可以把整本《弟子规》绘制成思维导图，目的是便于自己理解和记忆。

　　接下来我们一起来记忆上面四句话。

> 01 小树：弟子规，圣人训。首孝悌，次谨信。

记忆步骤：

　　1. 理解： 圣人训导说要先孝敬父母，尊敬兄长；其次为人要谨慎，说话诚实，讲究信用。

　　2. 找关键词： 弟子、圣人、孝、信。

　　3. 转换出图： 有很多弟子和一个圣人，孝可以出一个老人旁边有个很乖的孩子，信可以出手里拿着一封信的画面。

　　4. 联结记忆： 小树下面有很多弟子跪坐在那里，圣人在训导他们；旁边的孩子拿着一封信递给父母。

注意：像这样的古文最好是根据原文意思直接转换成画面，因为其中提到的抽象词都可以在生活中找到对应的画面。如果还是记不住，可以深加工处理一下，比如说"首孝悌，次谨信"可以出一个弟弟在刺一封信。

> 02 铃儿：泛爱众，而亲仁。有余力，则学文。

记忆步骤：

1. 理解：为人处世要怀着一颗善心，亲近有仁德的良师益友。如果还有多余的时间和精力，就去学习文化知识。

2. 找关键词：泛、亲仁 、有余 、学文。

3. 转换出图：泛可以想象成一个人广泛地和人相处，亲仁可以想象成一个人特别喜欢亲近仁爱之人，有余可以想象成还有很多剩余的精力，学文可以想象成一个人正在学习文化知识。

4. 联结记忆：将想象出来的画面和记忆宫殿做联结，比如一个人拿着铃儿和很多人在一起，很有爱。然后他又去亲近有仁爱之心的人，比如说孔子。这个人忙完了之后回到家看还有时间，就拿起书本继续读书。

如果觉得不是很好理解并且不能出画面的话，可以再次把文字做深加工处理。参照以下联结记忆。

如：泛可以转换成饭的画面，亲仁可以转换成亲人的画面，有余可以转换成鱿鱼的画面，学文可以转换成学习文章的画面。联结起来就是把铃儿里面的饭分给众人和亲人，之后拿着鱿鱼学习文章。

思维导图法速记《出师表》

《出师表》

诸葛亮

先帝创业未半而中道崩殂，今天下三分，益州疲弊，此诚危急存亡之秋也。然侍卫之臣不懈于内，忠志之士忘身于外者，盖追先帝之殊遇，欲报之于陛下也。诚宜开张圣听，以光先帝遗德，恢弘志士之气，不宜妄自菲薄，引喻失义，以塞忠谏之路也。

宫中府中，俱为一体；陟罚臧否，不宜异同。若有作奸犯科及为忠善者，宜付有司论其刑赏，以昭陛下平明之理，不宜偏私，使内外异法也。

侍中、侍郎郭攸之、费祎、董允等，此皆良实，志虑忠纯，是以先帝简拔以遗陛下。愚以为宫中之事，事无大小，悉以咨之，然后施行，必能裨补阙漏，有所广益。

将军向宠，性行淑均，晓畅军事，试用于昔日，先帝称之曰能，是以众议举宠为督。愚以为营中之事，悉以咨之，必能使行阵和睦，优劣得所。

亲贤臣，远小人，此先汉所以兴隆也；亲小人，远贤臣，此后汉所以倾颓也。先帝在时，每与臣论此事，未尝不叹息痛恨于桓、灵也。侍中、尚书、长史、参军，此悉贞良死节之臣，愿陛下亲之信之，则汉室之隆，可计日而待也。

臣本布衣，躬耕于南阳，苟全性命于乱世，不求闻达于诸侯。先帝不以臣卑鄙，猥自枉屈，三顾臣于草庐之中，咨臣以当世之事，由是感激，遂许先帝以驱驰。后值倾覆，受任于败军之际，奉命于危难之间，尔来二十有一年矣。

先帝知臣谨慎，故临崩寄臣以大事也。受命以来，夙夜忧叹，恐托付不效，以伤先帝之明，故五月渡泸，深入不毛。今南方已定，兵甲已足，当奖率三军，北定中原，庶竭驽钝，攘除奸凶，兴复汉室，还于旧都。此臣所以报先帝而忠陛下之职分也。至于斟酌损益，进尽忠言，则攸之、祎、允之任也。

愿陛下托臣以讨贼兴复之效，不效，则治臣之罪，以告先帝之灵。若无兴德之言，则责攸之、祎、允等之慢，以彰其咎；陛下亦宜自谋，以咨诹善道，察纳雅言，深追先帝遗诏。臣不胜受恩感激。

今当远离，临表涕零，不知所言。

记忆思路：《出师表》是学生时代必背的古文，这是一篇极具代表性的文章。诸葛亮在文中阐述的期望具有很强的逻辑性和层次性，娓娓道来。此处采用思维导图的方法来梳理内容，记忆的同时也可以对文章做进一步理解。

记忆步骤：

1．理解：《出师表》是三国时期蜀汉丞相诸葛亮在北伐中原之前给后主刘禅上疏的表文。表，古代向帝王上疏陈情言事的一种文体。

2．找关键词：文中标红的词。

3．梳理关系：当下整体形势分析—目前宫府状况—叙经历感帝恩—寄臣大事—请愿。

4．绘制思维导图：

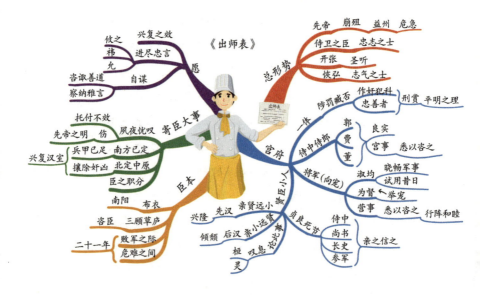

5．修正还原：绘制完思维导图记得检查。自检的过程非常重要，绘制完的时候要能够根据思维导图的提示回忆起整个内容，对不能够回忆起来的部分可以添加配图进行加深记忆，或者调整关键词（增加或替换关键词）。

综合记忆《道德经》（节选）

　　《道德经》：春秋时期老子（李耳）的作品，是中国古代先秦诸子分家前的一部著作，是道家哲学思想的重要来源。《道德经》文本以"道德"为纲宗，论述修身、治国、用兵、养生之道，以政治为主旨，是"内圣外王"之学，文意深奥，包含广博，被誉为"万经之王"。

　　《道德经》分上、下两篇，上篇《道经》、下篇《德经》，并分为 81 章。

　　《道德经》是中国历史上最伟大的名著之一，对传统哲学、科学、政治、宗教等产生了深刻影响。根据联合国教科文组织统计，《道德经》是除了《圣经》以外被译成外国文字发布量最多的文化名著。

例 1：思维导图法记忆《道德经》。

> 第一章
>
> 道可道，非常道；名可名，非常名。
>
> 无名，天地之始；有名，万物之母。
>
> 故常无欲，以观其妙；常有欲，以观其徼。
>
> 此两者同出而异名，同谓之玄。
>
> 玄之又玄，众妙之门。

　　记忆思路：《道德经》中蕴含的哲理博大精深，理解其内容和逻辑十分必要，在绘制思维导图的过程中，不断地建立分类归纳梳理文章的习惯，可提高自身的逻辑思维，以及加深对内容的理解。

记忆步骤：

1. 理解： "道"如果可以用言语表达清楚，那它就不是永恒不变的"道"；"名"如果可以用文辞去命名，那它就不是永恒的"名"。"无"可以用来表述天地混沌未开之际的状况；而"有"，则是宇宙万物产生之本源的命名。因此，要常从"无"中去观察领悟"道"的奥妙；要常从"有"中去观察体会"道"的端倪。无与有这两者，来源相同而名称相异，都可以称为玄妙、深远。它不是一般的玄妙、深奥，而是玄妙又玄妙、深远又深远，是宇宙天地万物之奥妙的总门（从"有名"的奥妙到达无形的奥妙，"道"是洞悉一切奥妙变化的门径）。

2. 找关键词： 道、名、无欲、有欲、玄。

3. 梳理关系： 第一章主要是从三个方面进行阐述的，即道、名以及无和有之间玄妙的关系。

4. 绘制思维导图：

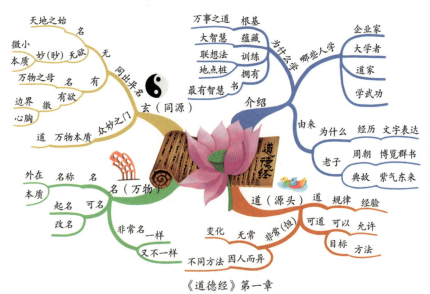

《道德经》第一章

5. 修正还原： 绘制完思维导图记得检查。自检的过程非常重要，绘制完后要能够回忆起整个内容，对不能够回忆起来的部分可以添加配图进行加深记忆，或者调整关键词（增加或替换关键词）。

例2：绘图法记忆《道德经》。

第二章

天下皆知美之为美，斯恶已。皆知善之为善，斯不善已。

故有无相生，难易相成，长短相形，

高下相倾，音声相和，前后相随。

是以圣人处无为之事，行不言之教，万物作焉而不辞，

生而不有，为而不恃，功成而弗居。夫惟弗居，是以不去。

---

1. 理解： 天下人都知道美之所以为美，那是由于有丑陋的存在。都知道善之所以为善，那是因为有恶的存在。

所以有和无互相转化，难和易互相形成，长和短互相显现，高和下互相充实，音与声互相谐和，前和后互相接随——这是永恒的。

因此圣人用无为的观点对待世事，用不言的方式施行教化：听任万物自然兴起而不为其创始，有所施为，但不加自己的倾向，功成业就而不自居。正由于不居功，就无所谓失去。

2. 找关键词： 文中标红的词语。

3. 转换出图： 美，可以想象成选美的画面；善，可以具体到捐款的行为画面；有，可以想象成万物生长，从无到有的过程；难，可以想象到一件难以达到的事情，比如让你去建造100层楼房；长，可以想象成一些比较长的材料；高，可以想象成两个物体对比高矮

的画面；音，可以想象成发出声音，说话的画面；前，可以想象成赛跑时的前和后的画面；无为、不言可以想象成一个人坐在那里不说话教育下面的弟子；万物，可以想象成春夏秋冬万物的变化。弗居不去，可以用张良帮助刘邦取胜后退隐的画面。

4. 联结记忆：

故有无相生

难易相成

▲ 长短相形

▶ 高下相倾

◀ 音声相和

春

夏

秋

冬

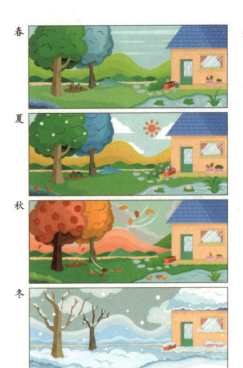

◀ 万物作焉而不辞，生而
不有，为而不恃，功成
而弗居。

◀ 夫惟弗居，是以不去。

例3：记忆宫殿法记忆《道德经》。

第三章

不尚贤，使民不争。不贵难得之货，使民不为盗。

不见可欲，使民心不乱。

是以圣人之治，虚其心，实其腹；弱其志，强其骨。

常使民无知无欲。使夫智者不敢为也。

为无为，则无不治。

第四章

道冲，而用之或不盈。

渊兮，似万物之宗；挫其锐，解其纷；

和其光，同其尘；湛兮，似或存。

吾不知谁之子？象帝之先。

首先找出十个地点桩如下图：

① 茶几   ② 座椅   ③ 边几   ④ 沙发把手   ⑤ 抱枕
⑥ 柜子   ⑦ 餐桌   ⑧ 椅子   ⑨ 电视柜   ⑩ 电视

找出地点桩后，用记忆宫殿法进行记忆：

1. 理解： 不推崇有才德的人，老百姓就不会互相争夺；不珍爱难得的财物，老百姓就不会去偷窃；不炫耀足以引起贪心的事物，使民心不被迷乱。因此，圣人的治理原则是：减少老百姓的私心杂念，填饱百姓的肚腹，减弱百姓的竞争意图，增强百姓的筋骨体魄，总是使老百姓没有智巧，没有欲望，致使那些有才智的人也不敢妄为造事。圣人按照"无为"的原则去做，办事顺应自然，那么，天下就不会不太平了。

大"道"空虚无形，但它的作用又无穷无尽。深远啊！它好像万物的宗主。消磨它们的锋锐，消除它们的纷扰，调和它们的光辉，混同于尘垢。隐没不见啊，又好像实际存在。我不知道它是谁的后代，似乎是天帝的祖先。

2. 找关键词：第三章、第四章文中标红的词语。

3. 关键词转换出图：第三章中的"三"（03）根据数字编码出凳子的画面；"尚贤、贵"可以出上仙下跪的画面；"见、圣人之治"可以出用剑刺向圣人脸上的痣的画面，圣人具体到某位圣人画面；"虚、弱、常使"可以出虚弱的病人趴在长石上的画面；第四章中的"四"（04）根据数字编码出轿车的画面；"道冲、渊"可以出道士冲到深渊里的画面；"挫、和"可以出在搓衣板上和面的画面；"湛、象帝"可以出拿着刀斩大象的画面。

4. 联结记忆：

（1）茶几：第三章。

联结：凳子砸在茶几上。

（2）椅子：不尚贤，使民不争。不贵难得之货，使民不为盗。

联结：上仙跪坐在椅子上。

（3）边儿：不见可欲，使民心不乱。是以圣人之治。

联结：边儿上站着一位圣人，可以使民心不乱。

（4）沙发把手：虚其心，实其腹；弱其志，强其骨。

联结：虚弱的病人趴到沙发把手上。

（5）抱枕：第四章。

联结：汽车撞扁抱枕。

（6）柜子：道冲，而用之或不盈。渊兮，似万物之宗。

联结：道士跳到柜子上，准备冲向深渊。

（7）餐桌：挫其锐，解其纷；和其光，同其尘。

联结：在餐桌边的搓衣板上和面。

（8）餐椅：湛兮，似或存。吾不知谁之子？象帝之先。

联结：坐在餐椅上斩大象。

《道德经》是经典中的经典，将其记住不仅仅能够提升我们文字转换出图的能力，掌握记忆宫殿和联结的能力，更重要的是能够开拓我们的思维，让我们更有智慧地生活。"菲常记忆"开设了《道德经》的视频讲解课，有需要或者感兴趣的同学可以扫描二维码，跟我们一起学习前人的智慧。

通过上面的学习，我们了解到，记忆整篇内容时，理解非常重要，在开始准备记忆内容的时候，至少要阅读 3 遍，让整体内容对大脑进行刺激，加深对文章内容的熟悉程度。

用记忆宫殿记忆内容时，要储备好大量的记忆宫殿，同一记忆宫殿在同一天或者针对同一类信息不要重复使用，否则会记混。

　　用绘图法记忆内容时，绘制简笔画即可，绘制得好看只是锦上添花，能表达出文字内容及文字之间的关系就是一张好的绘图，不要因为初期绘制不好就放弃。

　　思维导图的方法不仅能够让我们更好地用右脑记忆内容，也能充分地调动左脑。让我们充分运用大脑，掌握知识，在绘制的过程中，可以把我们已知的关于文章或作者的基本信息加入导图中，便于更好地建立知识体系。

　　不管是记忆宫殿、绘图法还是思维导图，无论你选择哪种方法，只要适合自己且能让你记忆深刻就好。还要记住，不管用哪种方法记忆都要及时复习。具体复习时间的规划可以参考第十章中的"'五一'黄金复习法"。

"菲常"练习

练习1　**请尝试用数字记忆宫殿 + 联想法联结记忆**

> 入则孝
>
> 03 父母呼，应勿缓。父母命，行勿懒。
>
> 04 父母教，须敬听。父母责，须顺承。
>
> 05 冬则温，夏则清。晨则省，昏则定。
>
> 06 出必告，反必面。居有常，业无变。

03 父母呼，应勿缓。父母命，行勿懒。

记忆步骤：

1. 理解：父母呼唤我们的时候，要立即做出回应，父母让我们做事情，要马上行动起来。

2. 找关键词：_____

3. 转换出图：_____

4. 联结记忆：_____

_____

04 父母教，须敬听。父母责，须顺承。

记忆步骤：

1. 理解：父母教育我们，要认真地听。父母责备我们，要顺从地接受。

2. 找关键词：_____

3. 转换出图：_____

4. 联结记忆：_____

_____

05 冬则温，夏则凊。晨则省，昏则定。

记忆步骤：

1. 理解：冬天冷了，使其温暖，夏天炎热，把床铺扇凉，让父母清爽凉快。早晨要向父母请安，晚上侍候父母安睡。

2. 找关键词：_____

3. 转换出图：_____

4. 联结记忆：_____

_____

06 出必告，反必面。居有常，业无变。

记忆步骤：

1. 理解：外出办事之前要和父母说一声，回来后也要报一声平安。居住的地方要固定，就职的工作也不要轻易变动。

2. 找关键词：

3. 转换出图：

4. 联结记忆：

综合记忆之"菲常"解惑

Q1　**遇到不同类型的题目，怎样选取不同的记忆方法？**

当只有一个固定答案的时候，可以用连锁拍照的方法；较短的知识点可以用联想法进行记忆；超长知识点可以运用记忆宫殿的方法；绘图法有利于我们更好地出画面，适用于各类知识点的记忆；思维导图对于超长知识点、零碎知识点的整理都是不错的选择；遇到数字的时候运用数字记忆法，将数字转换成数字编码进行记忆，有条理的内容可以用数字记忆宫殿记忆，顺序和规律都不会乱。

Q2　**绘制思维导图的时候，只写关键词会不会记不住？**

在绘制思维导图的过程中，只书写关键词不仅能够让我们快速地抓住重点，找到关键内容，而且能够大大地节约我们的时间，书写关键词也能够让我们更好地自检和掌握知识。绘制完成后复述整幅思维导图，对我们记忆信息也很关键。

第十四章 应考记忆：各种题型的记忆

知识要点

- 单选、多选题的记忆方法。
- 名词解释如何记忆？
- 针对较长、较短简答题的不同应对技巧。
- 论述题的记忆技巧。

　　学习中，繁多而杂乱的知识点让我们焦头烂额，甚至渐渐让我们失去学习的动力和兴趣。因此，针对各类考试，记忆不同的题型，用记忆法应对考试，这无疑是我们学习的重点，当然也是困扰我们的难点。

　　如果我们掌握了记忆方法中针对不同题型的应对技巧，不仅能让学习知识更加有意思，也能让大脑对知识的记忆更加深刻，从而产生源源不断的学习动力。接下来就让我们系统地学习针对不同题型的不同记忆方法。

选择题的记忆技巧

单选题

　　单选题是考试和测验中非常常见的题型。在学生时期，这类型的题目会在考题中占很大的比重。当我们参加工作后，加入证书考试的大军中，这类型的考题更是占了绝大部分。所以，掌握单选题的记忆技巧是非常重要的。

　　单选的特点就是它只有一个固定答案，针对这种情况，我们一般会采取连锁拍照法进行记忆。

例1：单选题记忆。

　　（　　）是中国海岸线的北端起点，被誉为"中国最大最美的边境城市"。

　　A.营口　　　　　B.大连　　　　　C.丹东　　　　　D.盘锦

　　答案：C

　　记忆方法：连锁拍照法。

　　记忆步骤：

　　1. **理解**：这是一道地理知识题目的记忆，内容简短。

　　丹东是中国海岸线的北端起点，位于东北亚中心地带，丹东被誉为"中国最大最美的边境城市"。

　　2. **选取关键词**：海岸线，北端，最美，丹东。

　　3. **关键词转换出图**："海岸线"可以直接出大海与地面交接的

画面；"北端"可以出背篓的画面；"最美"可以转换出图为梅子；"丹东"可以直接出图为你认识的丹东人，或者单栋的楼房。

4. **联结记忆**：在海岸线上，有个大背篓里面装满了梅子，砸向一座单栋楼房。

多选题

多选题也是我们在学习和考试中非常常见的题型。

多选题的特点就是它不只有一个固定答案，我们多采取故事法和联想绘图法两种方法，可以针对自己的需求进行选择。

例 2：多选题记忆。

> 司马相如的汉赋代表作有（   ）
>
> A.《大人赋》　　B.《长杨赋》　　C.《子虚赋》
>
> D.《河东赋》　　E.《上林赋》

答案：ACE。

记忆方法：故事法 / 绘图法。

记忆步骤：

1. **理解**：这是一道常识题。司马相如为"汉赋四大家"之一，其代表作有《子虚赋》《上林赋》《大人赋》《长门赋》《美人赋》。

2. **选取关键词**：司马相如，《大人赋》《子虚赋》《上林赋》。

3. **关键词转换出图**："司马相如"可以直接出司马相如的图像，比如他在影视剧中的形象，或者可以出扛着丝麻的大象盖着被褥的图；《大人赋》可以出图为古代大人的图像；《子虚赋》可以出紫色胡须的图；《上林赋》可以出赏林的画面。

4. **联结记忆**：扛着丝麻的大象盖着被褥，拉着紫色胡须的大人去赏林。

名词解释的记忆技巧

名词解释是指对概念的含义或词语的意义所做的简要而准确的描述。名词解释常出现在学科类（如政治学、经济学、法学等）、生活定义类及职场工作类等知识中。

速记名词解释可以让我们更好地理解知识点，理解考试内容。

在记忆这类信息时，根据内容中关键词的多少以及自身记忆目的的不同，可选用不同的记忆方法，一般情况下可以用联想故事法或者绘图法记忆。

例 3：记忆名词解释。

> 巴氏杀菌：是指通过加热以达到杀灭所有致病菌，破坏及降低一些食品中腐败微生物数量的一种杀菌方式。

记忆方法：联想故事法 / 绘图法。

记忆步骤：

1. 理解：这是一道化学实验的名词解释题。

2. 选取关键词：巴氏杀菌、加热、杀灭、病菌。

3. 关键词转换出图："巴氏杀菌"可以出整个杀菌的过程画面；"加热"出加热器的图；"杀灭"可以用"×"号来表示；"病菌"可以用显微镜下的病菌呈现。

4. 联结记忆：通过理解后绘制下图辅助联结记忆。

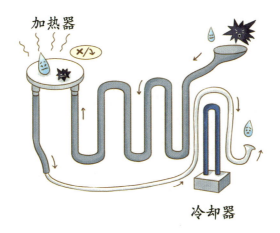

简答题的记忆技巧

简答题是答案比较明确，考查内容为对关键点的理解或记忆情况的题。这类题型在答题过程中不利于我们创造性思维的发挥。回答要简明扼要、突出重点。一般情况下简答题分数占比较高，掌握简答题的记忆方法对于我们提高分数十分重要。

针对简答题的记忆，较短的内容运用故事法记忆，较长的内容用记忆宫殿或者思维导图记忆。

例4：记忆简答题。

【简答题】严重的考试焦虑对学生的发展有哪些危害？

答：（1）降低学习效率；（2）影响考试成绩；（3）形成焦虑型人格。

记忆方法：故事法。

记忆步骤：

1. 理解：这是一道成人自考的历年真题。

2. 选取关键词：题干关键词是焦虑、学生。

3. 答案关键词：（1）降效；（2）影成；（3）人格。

4. 转换出图：焦虑想象成绿色的香蕉，降效想象成讲笑话，影成想象成影城，人格想象成硌硬人。

5. 联结记忆：吃着绿色香蕉的学生在影城里给大家讲笑话，非常硌硬人。

例5：记忆简答题。

【简答题】结合教学实践，分析如何培养学生的创造力。

答：培养学生创造力的基本原则：（1）创设一个民主开放的学与教的环境。（2）培养好奇心，激发求知欲。（3）鼓励学生进行独创，敢于标新立异。（4）积极开展创造性活动。（5）训练学生的发散性思维。（6）培养创造性的个性。

记忆方法：人物身体记忆宫殿方法。

记忆步骤：

1. 理解：这是一道关于教师资格考试的简答题，理解试题要表达的意图。

2. 选取关键词：（1）民主、学、教；（2）好奇心、求知；（3）独创；（4）创造；（5）发散；（6）个性。

3. 转换出图：（1）民主、学、教可以出"一个农民抱着一头猪学叫"的画面；（2）好奇心、求知可以出"一颗红心上面有很多文字"的画面；（3）独创出"有毒的疥疮"的画面；（4）创造出"一床大枣"的画面；（5）发散出"散发着耀眼的光芒"的画面；（6）个性出"一颗星星"的画面。

4. 联结记忆：

（1）头部：民主、学、教。

联想：头上有一个农民抱着一头猪学叫。

（2）眼睛：好奇心、求知。

联想：眼睛里有一颗红心上面有很多文字，充满了好奇心和求知欲望。

（3）嘴巴：独创。

联想：嘴巴上长了一片有毒的疥疮。

（4）手臂：创造。

联想：手臂上托起一床大枣。

（5）肚子：发散。

联想：肚子散发着耀眼的光芒。

（6）腿：个性。

联想：腿上粘着一颗星星。

注意：身体记忆宫殿可以根据记忆的材料不同，灵活地选择身体不同的部位作为联结记忆，但要确保有一定顺序，便于记忆。

5. 复习：

<hr>

论述题的记忆技巧

和简答题类似，论述题内容比较多，分数占比大，考查的是对论述内容背后的关键点的理解或记忆情况，找到具体的知识点和拥有该类题型的答题技巧是关键。

针对论述题的记忆，内容较少，运用故事法记忆就好，内容较多，就用记忆宫殿或者思维导图的方法。

下列例题内容，是从论述题（材料题）中整理出的记忆内容。

例 6：记忆论述题。

教师的学生观

（1）学生是独立意义的主体。要求教师要充分调动学生的积极性，参与到教学过程中，发挥学生的主观能动性。

（2）学生是发展的人。要求教师要用发展的眼光看待学生，促进学生的健康发展。

（3）学生是独特的人。每个学生都有其个性特征和兴趣、爱好、特长，教师要根据学生的个性化特征进行恰当的教育引导。

答题技巧:

(1)论述题的答题技巧是首先总体阐述(总的概述行为正确与否,符不符合素质教育观),之后分别阐述每一论述内容,抓住答题点,最后概括总结内容。

(2)阐述每一具体论述内容的技巧:理论＋解释＋结合材料。

记忆方法:思维导图法。

记忆步骤:

1. 理解:具体知识点和学生观的内容如下。

(1)学生是独特的人。

(2)学生是具有独立意义的人。

(3)学生是发展中的人,具有巨大的发展潜能。

2. 选取关键词:独特、独立意义、发展。

3. 转换出图:学生的中心图可以直接用学生的形象。

4. 联结记忆:

可以绘制思维导图辅助自己记忆。

例 7：论述题记忆。

> 教师角色的转变：
>
> （1）从教师与学生的关系看，新课程标准改革要求教师应该是学生学习和发展的促进者；
>
> （2）从教学与课程的关系看，新课程标准改革要求教师应该是课程的建设者和开发者；
>
> （3）从教学与研究的关系看，新课程标准改革要求教师应该是教育教学的研究者；
>
> （4）从学校与社区的关系看，新课程标准改革要求教师应该是社区型的开放教师。
>
> 教师行为的转变：
>
> （1）在对待学生关系上，新课程标准改革强调尊重、赞赏；
>
> （2）在对待教学上，新课程标准改革强调帮助、引导；
>
> （3）教师对待自我上，新课程标准改革强调反思；
>
> （4）在对待与其他教育者的关系上，新课程标准改革强调合作。

答题技巧： 需要理解文中要表达的含义，然后根据自己的喜好选用不同方法进行记忆。

记忆方法： 思维导图法或者字头歌诀法。

记忆步骤：

1. 理解： 如果你是一名教师，那么在整个教学过程中你会扮演不同的角色，而且在针对不同的对象时，也需要做出相应的行为转变，具体如下。

教师角色的转变：

（1）从教师与学生；

（2）从教学与课程；

（3）从教学与研究；

（4）从学校与社区。

教师行为的转变：

（1）教师对待学生；

（2）教师对待教学；

（3）教师对待自我；

（4）教师对待其他教育者。

2. 选取关键词：

如果是运用字头歌诀法记忆的话，关键词就是文中标红部分；

如果运用思维导图，关键词就是文中标蓝色下划线部分。

3. 转换出图：

第一种字头歌诀法关键词做一些转换出图：教师角色观念可以出图为教师角色的图像；教师行为可以出图为教师关爱学生的行为图像；"进和究"谐音出图敬酒的画面；两个"开"字可以出图是一个人名，叫开开；"赞和助"出一个人赞助一个项目的画面；"反和合"可以出图一个拿反的盒子。

第二种思维导图法，把提取的关键词绘制思维导图即可。

4. 联结记忆：

第一种字头歌诀联结记忆，联结：开开敬酒，赞助反盒。在一场聚餐中，很多人向开开敬酒，因为她赞助了一个拿反的盒子。

第二种思维导图法，把关键词绘制成思维导图，辅助理解记忆。

教师角色观

教师行为观

在针对不同题型记忆的过程中，整体采取的策略是：只有一个固定答案的题型，运用连锁拍照法进行记忆。不止一个答案的题型可以选取故事法、关键词联想法等。长信息或者整本书的记忆，可以采取记忆宫殿的方法。遇到数字信息，用数字编码进行转换。绘图法多运用于一些可以直接出图的知识点，可更好地加深我们大脑中的印象。思维导图用于记忆超长知识点、书本内容的梳理记忆和零碎知识点的整理，可以更好地提高学习效率。当然，我们也可以针对不同的内容灵活选取适合自己的方法。

"菲常"解惑

Q1　**在知识点处理过程中，选择故事法去记忆，但感觉记不住，怎么办？**

　　在我们记忆知识点的过程中，首先要理解知识点，建立基本的框架后，运用记忆法去处理和记忆。在学习的过程中，复习也是十分重要的，具体复习方法可以参考"'五一'黄金复习法"。如果依旧出现混淆的情况，建议根据自身情况调整记忆方法。

Q2　**针对大量题库的记忆怎么处理？**

　　首先，面对大量题库时，不要慌，那些自己本身就很熟悉的知识点，就不要再用记忆法去记忆了，要把重点放在自己不熟悉的重点、难点上，根据不同题型选择相应的方法。其次，要定量记忆，每天制订学习计划，固定记忆量。最后，定期复习，复习的方法参考"'五一'黄金复习法"。

附录：世界记忆锦标赛

世界记忆锦标赛（World Memory Championships）是由世界记忆大师、思维导图发明者托尼·博赞教授和雷蒙德·基恩爵士于1991年发起的，由世界记忆运动理事会（WMSC）组织的世界级别的记忆竞技赛事。

世界记忆锦标赛已形成了十大比赛项目，并涵盖儿童组、少年组、成年组、老年组共4个参赛组别的成熟比赛模式。

选手分设4个年龄组：

儿童组：年龄在12岁及以下；

少年组：年龄在13～17岁；

成年组：年龄在18～59岁；

老年组：年龄在60岁及以上。

世界记忆锦标赛十大比赛项目

项目组别	城市选拔赛 （Regional)	国家赛 （National)	国际赛 (International)	世界赛 （World ）
人名头像	5 分钟	5 分钟	15 分钟	15 分钟
二进制数字	5 分钟	5 分钟	30 分钟	30 分钟
随机数字	无	15 分钟	30 分钟	60 分钟
抽象图形	15 分钟	15 分钟	15 分钟	15 分钟
快速数字	5 分钟	5 分钟	5 分钟	5 分钟
虚拟事件和日期	5 分钟	5 分钟	5 分钟	5 分钟
随机扑克牌	无	10 分钟	30 分钟	60 分钟
随机词语	5 分钟	5 分钟	15 分钟	15 分钟
听记数字	无	100 秒和 300 秒	100 秒、300 秒和 550 秒	200 秒、300 秒和 550 秒
快速扑克牌	5 分钟	5 分钟	5 分钟	5 分钟

记忆训练能为我们带来哪些能力的提升？

　　1. 全方位提升综合学习能力，包括观察力、专注力、意志力、联想力、创造力、想象力、记忆力、思维力；

　　2. 通过训练，掌握如何刻意练习，培养坚持不懈的精神；

　　3. 养成好的记忆习惯，终身受益。

　　如何训练最强大脑，如何拥有好的想象和记忆力，我们在前面的篇章已经讲过，那就是把需要记忆的知识转换成画面进行联结记忆，其本质就是出图和联结。如何更快地出图和联结，就需要通过训练来提升了。

世界记忆锦标赛包含十大比赛项目，其中最核心的三个比赛项目是扑克牌、快速数字、随机词语，只要我们掌握好这三个项目的训练方法并且坚持练习，就一定能提升出图和联结能力。另外还有一个实用性比较强，可以灵活运用到生活工作中的人名头像项目。

接下来给大家详细介绍世界记忆锦标赛十大比赛项目。

考虑到每个比赛项目内容比较多，而且文字表述会有局限性，所以录制了相应的视频供大家参考学习。获取方式：扫描右侧二维码，关注公众号"菲常记忆家族"—输入关键词"比赛"—点击链接—输入密码"菲常记忆"即可获取。

后面为大家提供了比赛项目中需要运用到的一些资料内容。

"菲常记忆"扑克牌转换编码表 1

扑克牌	编码	扑克牌	编码	扑克牌	编码	扑克牌	编码
黑桃		红桃		梅花		方片	
A	11 楼梯	A	21 鳄鱼	A	31 鲨鱼	A	41 蜥蜴
2	12 椅儿	2	22 双胞胎	2	32 扇儿	2	42 柿儿
3	13 医生	3	23 和尚	3	33 星星	3	43 石山
4	14 钥匙	4	24 闹钟	4	34 三丝	4	44 蛇
5	15 鹦鹉	5	25 二胡	5	35 山虎	5	45 师傅
6	16 石榴	6	26 河流	6	36 山鹿	6	46 饲料
7	17 仪器	7	27 耳机	7	37 山鸡	7	47 司机
8	18 糖葫芦	8	28 恶霸	8	38 妇女	8	48 石板
9	19 衣钩	9	29 饿囚	9	39 山丘	9	49 湿狗
10	10 棒球	10	20 棒棒糖	10	30 三轮车	10	40 司令
J	刘备	J	关羽	J	张飞	J	诸葛亮
Q	爷爷	Q	奶奶	Q	爸爸	Q	妈妈
K	唐僧	K	孙悟空	K	猪八戒	K	沙和尚
备注	1. 扑克编码有关数字的 40 张与数字编码相同； 2. 以上编码为参考，后续随着训练深入，可做个性化修改，采用自己熟悉的编码。						

"菲常记忆"扑克牌转换编码表 2

1000 位无规律数字（来自官方题库）

1 3 0 7 1 6 9 2 7 6 9 3 0 6 0 7 6 3 3 3 7 6 1 4 7 6 1 3 4 5 7 9 3 9 5 7 6 8 9 0 Row1

9 6 4 0 6 6 0 7 9 2 1 7 7 1 1 7 3 1 0 3 3 7 7 3 9 1 2 7 0 1 3 1 4 0 4 0 7 2 2 0 Row2

2 7 6 4 3 0 5 1 3 3 6 4 1 9 4 1 3 4 1 3 9 0 3 1 6 9 6 6 6 3 1 6 2 6 6 3 3 4 1 2 Row3

6 5 4 7 4 0 6 1 5 2 4 4 9 1 8 3 3 7 1 2 7 5 2 9 9 6 6 9 6 9 3 3 4 3 8 7 4 7 0 2 Row4

3 7 7 6 0 7 8 8 0 4 7 0 9 2 7 8 1 1 8 8 2 6 1 4 0 8 7 7 4 9 1 0 4 4 7 7 5 2 2 1 Row5

6 9 1 1 5 8 1 2 5 1 1 4 6 2 3 1 3 7 8 8 3 0 0 5 9 3 9 9 5 6 5 9 6 9 8 9 9 0 6 9 Row6

6 9 0 8 9 4 2 7 0 1 3 4 7 8 5 2 3 9 1 5 7 3 6 4 2 2 9 7 9 8 2 8 7 2 4 8 7 4 0 5 Row7

5 3 9 4 0 0 4 7 3 9 7 7 7 9 0 0 8 2 2 3 6 1 3 2 8 6 1 4 9 2 2 1 8 3 0 5 1 7 1 0 Row8

9 6 1 3 1 6 7 3 8 3 2 5 2 9 1 5 9 8 5 5 1 6 0 6 5 8 2 5 9 2 5 1 6 1 8 1 5 2 3 4 Row9

4 7 9 3 3 2 5 4 9 0 4 2 1 0 1 1 6 5 6 8 1 6 3 1 3 4 8 5 9 4 5 1 1 9 6 3 2 4 5 2 Row10

4 1 4 0 6 4 4 1 1 7 8 5 5 1 8 7 8 2 3 1 5 0 1 6 9 1 8 1 5 4 1 7 4 6 3 1 3 3 2 0 Row11

4 9 7 2 3 6 0 4 2 0 3 8 5 2 6 1 1 8 5 7 8 6 1 0 2 3 2 6 1 5 7 2 5 0 4 0 7 0 9 0 Row12

2 7 4 0 1 3 6 0 6 4 2 2 0 7 5 4 8 5 6 7 4 4 9 6 3 5 5 8 2 5 1 7 4 8 7 8 9 2 6 9 Row13

6 7 5 7 7 1 2 7 1 1 1 7 3 3 3 3 4 9 6 6 1 6 8 7 5 6 5 1 0 7 8 6 5 9 2 4 0 3 6 9 Row14

8 5 4 7 6 7 1 5 3 7 7 2 6 5 0 8 5 1 1 5 3 2 7 5 7 1 4 1 6 9 2 1 7 1 2 6 5 3 4 5 Row15

9 6 0 0 7 3 9 2 5 5 1 4 7 0 6 8 1 0 7 1 7 0 6 3 8 2 2 9 1 9 2 2 9 4 0 4 4 5 8 9 Row16

2 9 4 0 5 2 7 8 8 1 9 5 7 2 1 6 7 2 3 1 4 5 2 8 4 6 5 1 4 2 5 8 8 1 1 0 3 6 5 5 Row17

8 5 4 8 6 7 2 0 4 9 3 2 2 1 7 6 3 5 3 3 8 1 5 7 7 8 1 9 4 6 0 0 4 7 3 0 9 7 0 7 Row18

2 0 8 9 8 6 7 0 2 3 4 4 2 2 0 5 8 3 6 3 9 4 7 9 7 3 6 8 7 1 0 0 3 5 2 8 7 0 4 4 Row19

5 8 1 7 0 2 7 9 3 4 3 4 5 6 7 5 4 5 4 0 1 0 4 0 3 2 8 0 8 2 5 1 4 4 5 7 7 8 3 1 Row20

3 4 0 7 3 8 5 3 3 6 5 2 0 0 3 5 0 1 5 9 4 5 3 6 5 2 6 6 0 1 5 7 5 2 6 9 4 5 6 9 Row21

4 7 7 0 4 2 5 7 8 8 7 7 9 1 6 8 6 8 9 5 8 1 4 3 6 0 6 8 4 1 5 9 1 0 0 1 5 4 9 5 Row22

5 7 9 0 8 9 4 0 3 5 5 4 6 6 0 8 6 2 9 5 9 9 8 4 1 9 8 5 4 6 2 9 7 6 6 2 0 0 1 9 Row23

6 7 8 6 6 9 6 0 3 9 2 9 4 5 0 2 1 3 3 3 3 6 7 8 0 9 9 5 2 3 9 6 7 7 0 2 1 7 0 2 Row24

7 3 2 7 9 1 1 9 7 3 9 7 8 0 8 0 2 6 3 6 7 5 0 8 6 3 0 2 7 7 7 5 7 8 5 1 6 3 7 9 Row25

人名头像题（来自官方题库）

Klara Koch
克拉拉·科赫

Zixin Winter
子欣·文特

Bolin Vega
波林·维佳

Saki Tyler
萨其·泰勒

Gemaria Jones
杰马里亚·琼斯

Rose Brown
罗斯·布朗

Carlos Bailey
卡洛斯·贝利

Fionn Gomez
菲昂·高梅兹

Kenshin Rios
肯迅·里奥斯

Bathseva Lopez
巴斯色娃·洛佩兹

Blanka Pena
布兰卡·佩纳

Sascha Jennings
萨沙·詹宁斯

Viktoria Taylor
维多莉亚·泰勒

Olamide Anderson
奥拉迈德·安德森

Zenzi Castillo
真子·卡斯蒂罗

中文词组（来自官方题库）

THE WORLD MEMORY CHAMPIONSHIPS - Random Words Memorization Sheet									
1	袖子	21	羚羊	41	花粉	61	盆子	81	焦糖
2	石头	22	收据	42	渡渡鸟	62	海豚	82	小牛
3	薄荷	23	墨水	43	常春藤	63	贻贝	83	动物园
4	刺	24	无限	44	花瓣	64	打结	84	跳高运动员
5	承诺	25	蝙蝠	45	学校	65	铁饼	85	木偶
6	喜鹊	26	争论	46	渡轮	66	牙齿	86	松鼠
7	陷阱	27	书桌	47	开襟羊毛衫	67	美人鱼	87	排气口
8	亲笔写	28	钻石	48	套索	68	树枝	88	土豆
9	配偶	29	机会	49	蜈蚣	69	磁盘	89	美国梧桐
10	鳕	30	洋白菜	50	窒息	70	软木塞	90	短上衣
11	凹槽	31	青铜	51	种子	71	妒忌	91	野鸡
12	橘子	32	样本	52	李子	72	毛巾	92	玩具
13	变色龙	33	拂去灰尘	53	拇指	73	网球	93	消耗
14	木塞	34	方尖塔	54	棱镜	74	促进	94	模范
15	甲板	35	护照	55	滑下去	75	思想	95	医院
16	框	36	灌木	56	医生	76	大鸟笼	96	野牛
17	肋骨	37	冬青	57	番红花	77	打结	97	果冻
18	指出	38	氢	58	潜水员	78	木片	98	直升飞机
19	凤尾鱼	39	苍鹰	59	杠杆	79	叉	99	歌剧
20	松鸡	40	逃跑	60	战利品	80	请求	100	蟾蜍

二进制（来自官方题库）

```
0 1 1 1 0 1 1 1 0 1 0 0 1 0 1 0 1 1 1 1 0 1 1 1 1 1 1 1 0 0    Row 1

1 0 0 0 0 0 0 0 1 0 0 0 0 1 0 1 1 0 0 1 1 1 0 1 0 0 0 0 1 1    Row 2

0 0 1 0 0 0 1 0 1 1 1 1 0 0 0 0 1 0 1 1 0 0 0 0 1 0 1 0 1 1    Row 3

1 1 0 1 0 1 1 1 0 1 0 0 1 1 0 1 0 1 0 1 1 1 0 1 1 1 1 0 1 1    Row 4

1 1 1 1 0 1 1 1 0 0 0 0 1 0 1 0 1 0 1 1 0 1 0 1 1 1 0 0 0 0    Row 5

1 0 1 0 0 1 0 1 1 0 0 1 0 1 0 0 1 0 0 0 1 0 1 1 1 1 1 0 1 1    Row 6

1 1 0 1 1 1 1 0 0 0 1 0 0 0 1 1 0 0 0 1 1 0 1 0 0 0 1 1 0 1    Row 7

0 1 0 1 1 1 1 0 0 0 1 0 0 1 1 0 0 0 1 1 0 1 0 0 1 1 1 0 0 1    Row 8

0 1 0 1 1 1 0 0 0 1 1 1 0 1 0 1 0 1 0 0 0 0 0 0 0 0 1 1 1 1    Row 9

1 1 0 0 0 1 1 1 0 1 0 0 1 0 0 0 0 0 1 1 0 1 1 0 0 0 0 1 1    Row 10

0 0 0 1 0 0 0 1 1 1 1 0 0 1 1 1 1 0 0 0 1 1 1 0 1 0 1 0 0    Row 11

0 1 0 1 1 1 0 1 0 1 1 1 0 1 1 1 1 0 1 1 1 0 0 0 1 0 1 0 1 0    Row 12

1 1 1 0 0 1 0 1 1 1 0 0 0 1 0 0 1 1 0 0 0 1 1 0 0 0 1 1 1 0    Row 13

1 1 1 1 0 1 1 1 0 1 0 0 0 0 1 0 1 0 1 0 1 0 0 0 1 1 1 1    Row 14

0 0 1 0 1 1 0 0 0 0 0 1 0 0 0 0 1 0 1 1 1 1 1 1 0 0 1 0    Row 15

0 0 0 1 1 0 0 0 0 1 1 0 0 1 1 0 0 1 1 1 0 1 1 0 0 1 0 1 1    Row 16

1 1 0 1 1 1 1 1 1 0 1 0 1 0 1 1 1 0 0 1 0 1 0 1 1 1 0 1 1 0    Row 17

0 0 1 1 0 1 0 1 0 0 0 1 0 1 1 0 0 1 0 1 1 1 0 0 1 1 0 0 0 1    Row 18

0 0 0 0 1 1 0 1 0 1 0 0 0 0 0 1 1 1 0 1 1 1 0 1 1 0 1 0 1 0    Row 19

0 0 0 0 0 0 0 1 1 1 0 0 0 1 1 0 0 1 1 0 1 0 0 1 0 0 1 1 0    Row 20

1 1 0 1 1 1 0 1 1 1 0 0 0 0 1 1 0 0 1 0 1 1 0 0 1 1 1 0 1 0    Row 21

1 1 0 1 1 1 1 1 1 0 1 1 1 0 0 1 1 0 0 0 0 1 0 0 0 1 0 1 0    Row 22

0 1 0 1 1 1 0 1 0 1 1 1 1 0 1 1 1 0 0 0 0 0 0 0 1 0 1 1 1 0    Row 23

1 1 1 0 0 1 1 0 1 0 0 1 1 0 1 1 0 1 0 1 1 0 0 0 1 0 1 1 1 0    Row 24

1 1 0 0 1 1 1 0 0 0 1 1 0 0 1 0 1 0 0 1 0 1 0 0 0 1 1 1 1 0    Row 25
```

抽象图形（来自官方题库）

历史年代（虚拟年代信息，来自官方题库）

Number	Date	Event - Chinese
1	1783	酒店举办150周年庆
2	1120	奥林匹克比赛推迟了12个月
3	1669	10岁成为最年轻的教授
4	1065	教师荣获奖励
5	2020	奶酪价格上涨
6	1328	厨师做出一道新菜肴
7	1009	发明无热量巧克力
8	2049	火山爆发
9	1167	废止地心引力定律
10	1802	欧洲每个人都接种疫苗防止猪流感
11	1248	北欧海盗侵略苏格兰
12	1090	动物园看守人学习如何和动物交流
13	1966	制作石洞壁画
14	1412	巨人行走于地球
15	1111	新国民假期方案出台
16	1350	加德纳发明了鞋楦
17	1672	大象在伦敦的街道上踩踏
18	1831	运动员创造新100米纪录
19	1126	军队主帅调来更多军队
20	1533	跳伞运动员在跳伞失败的情况下存活
21	1155	世界上四分之一的动力来自风
22	1003	罗马士兵被提升为百人队长
23	1649	在IO中发现了生命
24	1617	首位印度宇航员
25	2093	河流干涸
26	1143	蒸汽火车重新行驶在铁轨上
27	1656	赛车跑得比声音还快
28	1843	太空酒店关闭
29	1624	报纸发行量下降
30	1130	旅客从坏的缆车中被营救下来
31	1286	王子迎娶模特
32	1801	皮帽开始流行
33	1873	雨林中发现新水果品种
34	1083	医生开处方为笑口常开
35	1558	发现新大陆
36	1776	诗人荣获奖励
37	1134	妇女长出胡须
38	2057	狼被猎人射杀
39	1048	黑洞吞噬了整个太阳系
40	1547	亚特兰蒂斯岛中陷落的城市又被发掘

总结：

通过十大项目的训练，可以极大地提高我们对数字、文字、抽象信息记忆的能力，养成受益终身的高效记忆习惯。训练大脑的过程同时也能提升我们的记忆力、专注力、意志力、想象力、创造力。好的记忆是一切的基础，在学习中好的记忆能力能让自己提升成绩，获得自信；工作中好的记忆能力可以让自己不断突破，挑战自己，获得更多的财富。最重要的是这个过程能让自己懂得克服困难，找到正确的方法，通过刻意练习，不断重塑改造自己，终身学习，让自己拥有最强大脑。

世界记忆锦标赛之"菲常"解答

Q1　**训练到什么阶段可以去参加比赛？**

如果你平时在训练中，5 分钟可以记忆 100 个左右的数字，词汇记忆 5 分钟能记住 40 个左右，2 分钟内能记住一副扑克牌……那么，可以报名去体验一下城市赛。参加城市赛是没有要求的，只要报名了就可以参加，只是分数较高时才有机会进入中国赛和世界赛。

Q2　**参加比赛有什么好处？**

参加世界记忆锦标赛能让自己见到不一样的世界，在这样一个世界级的比赛中，有机会跟来自不同国家的选手参加同一场比赛，并且有机会跟他们一起探讨交流学习记忆法，也会有机会结识这个圈子里更优秀的朋友。

另外，参加这样一场世界级的比赛，能很好地锻炼我们的心理素质。经历过一场场的比赛，从紧张的训练到参加比赛的各种收获，会让自己更有勇气去做自己喜欢的事，也会懂得如何让自己持之以恒地去坚持做成一件事。

Q3　一般训练多久可以拿到世界记忆大师称号？

这个要看个人在训练过程中的投入，有的人投入的时间、精力多，可能半年就可以拿到世界记忆大师称号，但有的人训练时"三天打鱼，两天晒网"，可能两年甚至更长的时间都无法拿到。

所以，如果你决定要参加这个比赛，想要拿到世界记忆大师的称号，那么就要规划好自己的时间，每天都要拿出时间投入训练，努力避免那些干扰自己训练状态的事情。

如果你一天可以拿出三四个小时训练，并且不断地去总结、反思，是有可能半年时间就获得世界记忆大师称号的。

Q4　可以先从哪些项目开始训练？

可以先训练数字、词语，时间充足再加上扑克牌，另外要先准备足够的记忆宫殿，建议准备参加比赛的话，至少要准备 70 组记忆宫殿（一组 30 个地点桩），因为 10 个项目当中有 9 个项目都是运用记忆宫殿记忆，另外有 8 个项目都是使用了数字编码转换记忆的。所以，前期数字训练非常重要。

常见中国姓氏编码

白	白头发、白板	毕	手臂	卞	辫子
蔡	青菜	曹	野草	岑	cen、尘土、灰尘
常	红肠	陈	陈皮	车	汽车
成	城池	程	橙子	池	池塘
邓	灯泡	丁	钉子	范	米饭
方	房子	樊	番茄	费	飞机
冯	缝纫机、两匹马	符	斧头	傅	师傅、父亲
甘	柑子、甘蔗	高	雪糕	葛	鸽子
龚	工人	古	骨头、古龙	关	关门、关羽
郭	锅盖、电饭锅	韩	汗水、汗珠	何	荷花、河流
贺	盒子、贺礼	洪	洪水、山洪	侯	猴子
胡	胡子、二胡、老虎	华	画画、画家、花卉	黄	皇帝、黄豆
霍	火、货物	姬	鸡	简	剑
江	长江	姜	生姜	蒋	奖牌、奖品
金	黄金、金子	康	医生（健康）	柯	蝌蚪
孔	孔子、恐龙	赖	无赖	郎	新郎
乐	乐器	雷	雷雨	黎	荔枝、梨子
李	李子	连	莲子、莲藕	廉	镰刀
梁	横梁	廖	小鸟	林	树林、森林
凌	铃铛	刘	流星	柳	柳树
龙	龙	卢	炉子、火炉	鲁	鲁迅
陆	陆军	路	道路	吕	吕布、铝板
罗	锣鼓、箩筐	骆	骆驼	马	马
梅	梅花	孟	孟子、猛男	莫	墨水
母	母亲	穆	墓地、木头	倪	泥土
宁	柠檬	欧	海鸥、欧洲	区	ou、藕、地区
潘	叛徒、蟠桃	彭	朋友、盆	蒲	葡萄、普洱茶
皮	皮球、皮肤	齐	棋、旗	戚	油漆、亲戚
钱	人民币、硬币	强	墙壁	秦	钢琴、琴

续表

丘	丘陵	邱	秋衣	饶	钥匙
任	人民	沈	枕头	盛	绳子
施	西施	石	石头	时	时迁、时针
史	历史课本	司徒	徒弟、司机的徒弟	宋	松树、松鼠
苏	苏打水、梳子	孙	孙子、孙悟空	谭	坦克、毛毯
汤	汤圆、汤水	唐	糖果、白糖	陶	陶瓷、桃子
田	田野、田园	童	儿童	危	危险
涂	涂料、兔子	王	王冠	韦	芦苇
卫	门卫、守卫	魏	胃痛、芦苇	温	保温杯、温水
文	文人、蚊子	翁	不倒翁	巫	雾、巫师
邬	乌鸦、乌龟、乌云	吴	蜈蚣	伍	武当山
武	舞蹈	席	草席	夏	大厦、太阳
肖	小月亮、弯弯的月亮	萧	学校、笑脸	谢	鞋子
辛	薪水、心脏	邢	变形	徐	棉絮、慢慢地
许	许诺、虚假	薛	雪花、靴子	严	盐、岩石
颜	颜色	杨	羊	叶	树叶、叶子
易	医生、机翼	殷	音响、音箱、鹰	尤	鱿鱼、油
于	玉	余	鱼	俞	鱼、羽毛
虞	雨水	元	美元、公园	袁	猿人、猿猴
岳	月亮、岳飞	云	云彩、孕妇	曾	风筝
詹	站台、展厅、车站	张	纸张、张开、弓箭	章	印章、蟑螂
赵	照相机、赵云	郑	毕业证、风筝	钟	时钟、钟表
周	粥、小舟	邹	揍	朱	珠子、珍珠
褚	猪八戒、猪	庄	树桩、村庄	卓	桌子、书桌

备注	1. 运用直接物象代替、谐音、联想转化成像； 2. 一种姓氏最好只对应记住一种适合自己的编码。

注意：每个姓氏选择一个编码即可！